桥梁及结构风效应精细化研究新进展：第二届江苏省风工程学术会议论文集

王　浩　柯世堂　苟　勇　主　编
张静红　王立彬　陶天友　**副主编**

东南大学出版社
SOUTHEAST UNIVERSITY PRESS
·南京·

内 容 提 要

本书为"第二届江苏省工程师学会风工程学术会议暨第二届江苏省风工程研究生论坛"论文集,经广泛征集、严格审理,最终共收录43篇论文,包含22篇专家论文和21篇研究生论文,主题包括:大气三维风场探测技术及应用;强风数值模拟与特征预测;工程结构风环境监测与分析;桥梁与结构物风作用及效应分析;风致振动控制理论、方法及应用;计算风工程方法的工程应用及发展;风洞试验技术与方法研究;结构风灾分析与损失预估。入选论文集的论文反映了近年来江苏省风工程领域研究的最新理念、进展及未来发展方向。

本书可供从事风工程研究的科研工作人员、高等院校相关专业师生和土木工程设计研究院所工程师参考。

图书在版编目(CIP)数据

桥梁及结构风效应精细化研究新进展：第二届江苏
省风工程学术会议论文集 / 王浩,柯世堂,荀勇主编.
南京：东南大学出版社,2019.3
 ISBN 978-7-5641-8330-1

 Ⅰ.①桥… Ⅱ.①王… ②柯… ③荀… Ⅲ.①抗风结
构-学术会议-文集 Ⅳ.①TU352.2-53

中国版本图书馆 CIP 数据核字(2019)第 046967 号

桥梁及结构风效应精细化研究新进展：第二届江苏省风工程学术会议论文集
Qiaoliang ji Jiegou Fengxiaoying Jingxihua Yanjiu Xinjinzhan：
Di-er Jie Jiangsusheng Fenggongcheng Xueshu Huiyi Lunwenji
主　编 王　浩　柯世堂　荀　勇
副主编 张静红　王立彬　陶天友

出版发行	东南大学出版社
社　　址	南京市四牌楼 2 号　邮编:210096
出版人	江建中
责任编辑	丁　丁
编辑邮箱	d.d.00@163.com
网　　址	http://www.seupress.com
电子邮箱	press@seupress.com
经　　销	全国各地新华书店
印　　刷	江苏凤凰数码印务有限公司
版　　次	2019 年 3 月第 1 版
印　　次	2019 年 3 月第 1 次印刷
开　　本	787 mm×1 092 mm　1/16
印　　张	12.5
字　　数	296 千
书　　号	ISBN 978-7-5641-8330-1
定　　价	50.00 元

本社图书若有印装质量问题,请直接与营销部联系。电话(传真):025-83791830

会议学术委员会

会议组织委员会

主　席：许　钧　徐　义　荀　勇

副主席：王立彬　吴发红　陈鸣永　臧　蕾　徐爱斌
　　　　周公矿　王照宇　徐桂中

秘书长：张静红　张荣兰　陶天友

委　员：朱晓蓉　蔡宗雅　蔡文华　胡　浩　董晓慧
　　　　丁友军　徐梓栋　高宇琦　柳家为　卫俊岭
　　　　张　寒　王　浩　徐　璐　余文林

序　言

　　江苏省是沿海省份,夏秋季台风多发,且盐城等地区灾害性天气(龙卷风等)较为频繁,风能资源丰富的同时又蕴含较大的灾害风险。我省高校和科研院所众多,从事风工程研究的科技工作者分散在土木、气象、能源等领域。为增进风工程领域科技工作者交流与合作,加强风工程领域咨询服务,在江苏省科学技术协会的关心和指导下,依托江苏省工程师学会,于2017年3月11日筹备成立了江苏省工程师学会风工程专业委员会。在成立近两年的时间里,专委会开展了多项学术及社会公益活动,取得了较大的社会反响与正面评价。

　　为了更好地组织风工程领域科技工作者开展交流、研讨活动,加强跨界交流和相互协作,经专委会讨论决定,于2019年1月4～6日召开"第二届江苏省工程师学会风工程学术会议暨第二届江苏省风工程研究生论坛"。本次会议由江苏省工程师学会风工程专业委员会主办,盐城工学院、盐城市土木建筑学会承办,东南大学、南京航空航天大学、河海大学、南京林业大学、阜宁县住房和城乡建设局协办,是我省风工程界交流学术观点和理念、科研成果及其应用的一次盛会。

　　本论文集收录了所有录用论文的扩展摘要,并正式出版,供与会代表交流。"江苏省工程师学会风工程学术会议"和"江苏省风工程研究生论坛"的宗旨是为江苏省风工程领域的工作人员和研究生提供一个能够充分交流各自成熟或非成熟的创新学术观点和理念以及最新研究成果的平台。因此,允许作者根据学术交流后的反馈结果对论文全文进行适当的修改后向相关学术期刊投稿。

　　本次会议得到了上级学会江苏省工程师学会的大力支持和指导,也得到了许多委员单位和其他相关单位的热情赞助,借此致以衷心的感谢。本会议论文集的出版得到了国家和江苏自然科学基金、国家重点基础研究发展计划("973"计划)青年科学家专题项目的资助,在此一并感谢。最后,衷心感谢支持本届会议的各位专家、学者以及研究生同学,感谢辛勤付出的会务人员。祝愿大家身体健康,工作顺利!

第二届江苏省工程师学会风工程学术会议学术委员会

第二届江苏省工程师学会风工程学术会议组织委员会

2018年12月

目　录

第　一　部　分

第　二　部　分

第　三　部　分

第一部分

实测台风温比亚演变谱分析

王　浩[1]，徐梓栋[1]，陶天友[1]

（1. 东南大学混凝土及预应力混凝土结构教育部重点实验室，江苏南京 211189）

摘　要：以 2018 年"温比亚"台风期间苏通大桥 SHMS 实测风数据为研究对象，采用游程检验法对桥址区实测风速进行了平稳性检验，采用基于小波变换的演变功率谱（Evolutionary Power Spectral Density，EPSD）估计方法，进行了实测台风非平稳脉动风速 EPSD 分析。结果表明，实测风速表现出明显的非平稳特性，EPSD 直观地反映了实测台风脉动风速能量的时频分布特征，基于复 Morlet 小波及滤波谐和小波可增强 EPSD 估计结果的时域平滑性。研究结果可为今后非平稳风场实测分析及数值模拟提供参考。

关键词：结构健康监测；台风；谐和小波；演变功率谱

1　引言

随着全球气候变化，风灾所造成的人类生命财产损失日益加剧。台风作为常见风灾，严重威胁沿海大跨度桥梁等风敏感结构的安全。因此，有必要开展实测台风特性分析从而为风敏感结构的抗风研究奠定基础[1-2]。结构健康监测系统（Structural Health Monitoring System，SHMS）的出现使结构性能和结构所处环境的实时监测成为可能，大跨度桥梁 SHMS 所包含的风速监测子系统可提供桥址区极端风天气的可靠实测风数据。在进行风特性分析时常将脉动风速视为平稳随机过程。然而，实测研究表明，台风存在明显非平稳特性，脉动风速功率谱表现出时变特征，传统平稳风特性分析有必要向非平稳过渡[3-4]。

与平稳风速模型不同，非平稳风速模型将实测风数据分解为时变平均风与脉动风速之和。对非平稳脉动风速，可由 Priestley[5] 所定义的演变功率谱（Evolutionary Power Spectral Density，EPSD）刻画其时频特性。小波变换（Wavelet Transform，WT）[6] 是近几十年发展起来的信号时频处理技术，因其良好的时频分辨率被誉为数学显微镜。Spanos 等[7] 基于小波方法发展了计算 EPSD 的 Spanos-Failla 框架，该方法将信号 EPSD 视为若干时频解耦函数的乘积之和，并通过合理选择小波基函数，从而实现对不同类型非平稳信号 EPSD 的合理估计。对实测台风非平稳脉动风速而言，采用不同的小波基函数开展 EPSD 估计，其结果将存在差异。对比不同小波基函数下实测台风脉动风速 EPSD，不仅可以对 EPSD 估计结果进行相互验证，也可为小波基函数的合理选取提供参考。

本文以建成时国内第一大跨度斜拉桥——苏通大桥为工程背景，采用该桥结构健康监测系统实时采集的台风"温比亚"实测风数据开展其非平稳脉动风速 EPSD 分析。在采用基于 WT 的 EPSD 估计方案时,分别选取了 Morlet 小波、复 Morlet 小波、广义谐和小波(Generalized Harmonic Wavelet,GHW)及滤波谐和小波(Filtered Harmonic Wavelet,FHW)作为小波基函数,并将实测台风脉动风速 EPSD 进行对比,以期为小波基函数的合理选取及大跨度斜拉桥的抗风设计与研究提供参考。

2 台风"温比亚"实测风数据

2.1 苏通大桥风速仪布置

主跨 1 088 m 的苏通大桥连接南通、苏州两市,距长江入海口 108 km,为双塔双索面钢箱梁斜拉桥。为了对大桥结构响应及周围环境进行监测,该桥配备了较为全面的 SHMS。风速监测子系统包含 4 个 Delta HD2003 型三维超声风速仪(ANE),其中 2 个分别安装在主梁跨中上、下游侧(FS4,FS4′),离水面高约 76.9 m;另外 2 个分别安装在南、北两主塔塔顶正中(FS2,FS6),离水面高度约 306 m,风速仪布置见图 1。风向角正北被定义为 0°,为了便于数据储存和管理,设定风速仪采样频率为 1 Hz,采样精度为 0.01 m/s,风速数据按每段 1 h 长度进行储存[3]。

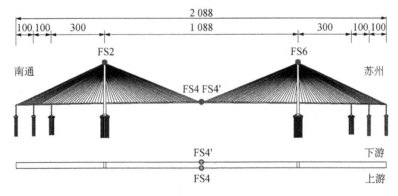

图 1 苏通大桥风速仪布置图

2.2 风速时程

2018 年台风"温比亚"在上海市浦东新区登陆并影响东南沿海各省,苏通大桥位于此次台风的影响区,台风路径见图 2。苏通大桥 SHMS 对此次台风进行了 24 h 全天候监控,考虑作用于主梁上的风荷载对整个桥梁产生的影响最大,且为了避免气流经过主梁及桥面附属设施后产生的尾流效应影响,本文以主梁跨中迎风侧风速仪所采集的风数据为研究对

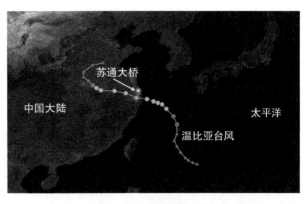

图 2 "温比亚"台风路径

象,选取 8 月 17 日 15:00—16:00 时段实测风速数据[图 3(a)]开展分析。经游程检验[8],该段实测数据非平稳,采用 db10 小波[6]剔除时变平均风所得脉动风速时程如图 3(b)所示。

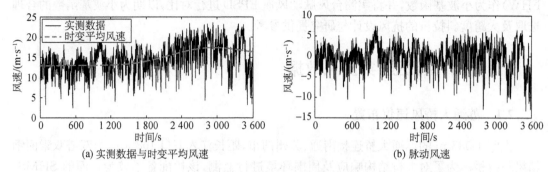

(a) 实测数据与时变平均风速   (b) 脉动风速

图 3　实测台风数据

3　非平稳随机过程 EPSD 估计

3.1　小波变换

对能量有限信号 $f(t)$,其连续小波变换定义为[7]:

$$CW(a,b) = \frac{1}{\sqrt{|a|}} \int_{-\infty}^{+\infty} f(t) \phi^* \left(\frac{t-b}{a} \right) \mathrm{d}t \tag{1}$$

式(1)中,$\phi(t)$ 为小波基函数;a 为尺度因子;b 为平移因子;$*$ 表示复数共轭。小波基函数 $\phi(t)$ 的傅立叶变换定义为:

$$\Phi(\omega) = \frac{1}{\sqrt{2\pi}} \int_{-\infty}^{+\infty} \phi(t) \mathrm{e}^{-i\omega t} \mathrm{d}t \tag{2}$$

为方便数值计算,常将尺度因子与平移因子进行如下离散[7]:

$$a_i = \sigma^i, \quad b_j = (j-1)\Delta b \tag{3}$$

式(3)中,σ 与 b 为常数。

3.2　小波基函数

Morlet 小波是工程中常用的小波函数,该小波为复值小波,表达为[7]:

$$\phi(t) = \pi^{-\frac{1}{4}} (\mathrm{e}^{-i\omega_0 t} - \mathrm{e}^{-\frac{\omega_0^2}{2}}) \mathrm{e}^{-\frac{t^2}{2}} \tag{4}$$

其傅立叶变换为:

$$\Phi(\omega) = \pi^{-\frac{1}{4}} \left[\mathrm{e}^{-(\omega - \frac{\omega_0^2}{2})} - \mathrm{e}^{-\frac{\omega_0^2}{2}} \mathrm{e}^{-\frac{\omega^2}{2}} \right] \tag{5}$$

式(4)和(5)中,当 $\omega_0 \geqslant 5$ 时,$\mathrm{e}^{-\frac{\omega_0^2}{2}} \approx 0$。 因此,Morlet 小波通常也可近似表示为:

$$\phi(t) = \pi^{-\frac{1}{4}} e^{-i\omega_0 t} e^{-\frac{t^2}{2}}, \quad \omega_0 \geqslant 5 \tag{6}$$

相应的傅立叶变换为：

$$\Phi(\omega) = \pi^{-\frac{1}{4}} e^{\frac{-(\omega - \omega_0)^2}{2}} \tag{7}$$

实际工程应用时，常取 Morlet 小波的实部来进行小波分析，即：

$$\phi(t) = \pi^{-\frac{1}{4}} \cos(5t) e^{-\frac{t^2}{2}} \tag{8}$$

此时 Morlet 小波称为实值 Morlet 小波。

GHW 为一种正交小波，具有"盒形"频谱特征，由尺度因子 (m, n) 及平移因子 k 所确定的 GHW，其时、频域表达式如下[9]：

$$\begin{cases} \Phi_{m,n}(\omega) = \dfrac{1}{(n-m)2\pi}, & m2\pi \leqslant \omega \leqslant n2\pi \\ \Phi_{m,n}(\omega) = 0, & \text{其他} \end{cases} \tag{9}$$

$$\phi_{m,n,k}(t) = \frac{e^{in2\pi\{t-[k/(n-m)]\}} - e^{im2\pi\{t-[k/(n-m)]\}}}{i2\pi(n-m)\left(t - \dfrac{k}{n-m}\right)} \tag{10}$$

式(9)和(10)中，m、n 可取任意正实常数，通常取各尺度下小波函数频带宽相等，即 $n_i - m_i = n_j - m_j (i, j = 1, 2, \cdots, l)$。

FHW 可视作 GHW 的改进后小波，比 GHW 具有更高的时间分辨率[9]。在 GHW 频域表达式基础上加 Hanning 窗函数可得到 FHW 的频域表达[9]：

$$\Phi_{m,n}(\omega) = \begin{cases} \dfrac{1}{(n-m)2\pi}\left[1 - \cos\left(\dfrac{\omega - m2\pi}{n-m}\right)\right], & m2\pi \leqslant \omega \leqslant n2\pi \\ 0, & \text{其他} \end{cases} \tag{11}$$

3.3 基于 WT 的 EPSD 估计框架

对非平稳随机过程 $f(t)$，其 EPSD 可以表示为[7]：

$$S_{yy}(a, \tau) = \sum_{j=1}^{m_a} M_j(\tau) \mid \Phi(\omega a_j) \mid^2 \tag{12}$$

式(12)中，m_a 为所选择尺度的总数；$M_j(\tau)$ 为与时间相关的参数，可由下式求解[7]：

$$\begin{bmatrix} \Delta_{1,1} & \Delta_{1,2} & \cdots & \Delta_{1,m} \\ \Delta_{2,1} & \Delta_{2,2} & \cdots & \Delta_{2,m} \\ \cdots & \cdots & \cdots & \cdots \\ \Delta_{m,1} & \Delta_{m,2} & \cdots & \Delta_{m,m} \end{bmatrix} \begin{bmatrix} M_1(\tau) \\ M_2(\tau) \\ \cdots \\ M_m(\tau) \end{bmatrix} = \begin{bmatrix} E[\mid CW_y(a, \tau_1) \mid] \\ E[\mid CW_y(a, \tau_2) \mid] \\ \cdots \\ E[\mid CW_y(a, \tau_m) \mid] \end{bmatrix} \tag{13}$$

式(13)中，系数 $\Delta_{i,j}$ 表示为[7]：

$$\Delta_{i,j} = \int_{-\infty}^{+\infty} \mid \Phi(\omega a_i) \mid^2 \mid \Phi(\omega a_j) \mid^2 d\omega \tag{14}$$

根据不同小波基函数及其频域表达式，即可根据式(12)～(14)计算非平稳随机过程 EPSD，并据此对非平稳过程开展时频分析。

4 非平稳脉动风速 EPSD 估计

采用上述基于 WT 的非平稳过程 EPSD 估计方法，对所选取苏通大桥实测"温比亚"台风脉动风速开展了 EPSD 分析。EPSD 估计时，分别选取了 Morlet、复 Morlet、GHW 与 FHW 作为小波基函数，各小波函数参数取值参见文献[6]。为验证所得 EPSD 的准确性和可靠性，将各频率对应的演变谱曲线在时域范围内进行积分，并将积分结果平均后与 Pwelch 方法计算所得功率谱进行对比，计算结果如图 4 和图 5 所示。同时，为比较采用不同小波基函数所得台风脉动风速 EPSD 间差异，取所得 EPSD 在 0.05 Hz 处的频率切片进行对比分析，结果如图 6 所示。

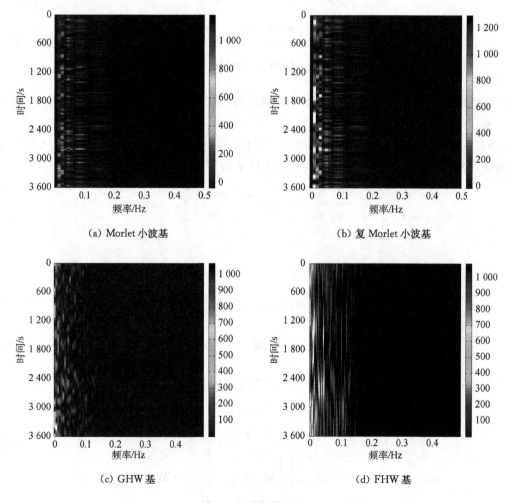

(a) Morlet 小波基

(b) 复 Morlet 小波基

(c) GHW 基

(d) FHW 基

图 4 实测台风 EPSD

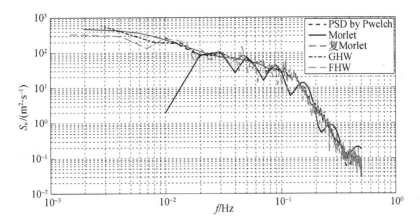

图 5   演变谱均值与功率谱对比

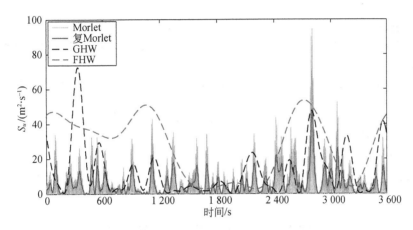

图 6   0.05 Hz 处频率切片

由图 4 可知,用不同小波基函数估计所得 EPSD 均表现出明显时变特性,表明实测"温比亚"台风脉动风速存在非平稳特性。由图 5 可知,除采用 Morlet 小波估计所得 EPSD 时均谱与 Pwelch 方法计算所得功率谱在低频区存在较大差异外,其余小波函数估计所得 EPSD 时均谱与 Pwelch 方法计算所得功率谱较为吻合。因此,基于 Morlet 小波开展台风非平稳脉动风速 EPSD 估计并不合理。由图 6 可知,复 Morlet 小波较 Morlet 小波而言,其时域分辨率较高。FHW 时域曲线最为光滑,基本包络了 Morlet 小波与复 Morlet 小波结果。GHW 结果在 200~400 s 范围出现峰值,与复 Morlet 小波及 FHW 估计结果存在差异,表明其时域分辨能力较弱。实际工程中,推荐采用复 Morlet 小波及 FHW 开展实测台风非平稳脉动风速 EPSD 估计。

5   结论

以"温比亚"台风期间苏通大桥 SHMS 实测风数据为研究对象,综合采用非平稳风速模型和基于 WT 的 EPSD 估计方法,开展了实测台风非平稳脉动风速 EPSD 分析,得出如下结论：

（1）实测风速数据表现出较强的非平稳性，采用非平稳风速模型得到的时变平均风速可以更好地反映非平稳风速的变化趋势。

（2）基于不同小波基函数估计所得台风非平稳脉动风速 EPSD 存在差异。其中，基于 Morlet 小波估计所得 EPSD 在低频区与实际存在较大偏差，不推荐将其用于实测台风非平稳脉动风速 EPSD 估计。

（3）采用复 Morlet 小波基估计所得 EPSD 较 Morlet 小波估计结果而言，其时域分辨率较高。采用 FHW 估计所得 EPSD 时域结果最为光滑，且基本包络 Morlet 小波与复 Morlet 小波 EPSD 估计结果。实际工程中，推荐采用复 Morlet 小波及 FHW 开展实测台风非平稳脉动风速 EPSD 估计。

参考文献

［1］项海帆.现代桥梁抗风理论与实践［M］.北京：人民交通出版社，2005.

［2］张明金,李永乐,唐浩俊,等.高海拔高温差深切峡谷桥址区风特性现场实测［J］.中国公路学报,2015,28(3)：60-65.

［3］王浩,杨敏,陶天友,等.苏通大桥桥址区实测强风非平稳风特性分析［J］.振动工程学报,2017,30(2)：312-318.

［4］孙海,陈伟,陈隽.强风环境非平稳风速模型及应用［J］.防灾减灾工程学报,2006,26(1)：52-57.

［5］Priestley M B. Evolutionary spectra and non-stationary processes［J］. Journal of the Royal Statistical Society, 1965, 27(2)：204-237.

［6］Wang H, Xu Z, Wu T, et al. Evolutionary power spectral density of recorded typhoons at Sutong Bridge using harmonic wavelets［J］. Journal of Wind Engineering & Industrial Aerodynamics, 2018, 177：197-212.

［7］Spanos P D, Failla G. Evolutionary spectra estimation using wavelets［J］. Journal of Engineering Mechanics, 2004,130(8)：952-960.

［8］Bendat J S. Random Data Analysis and Measurement Procedures［M］. New York：Willey and Sons, 1971.

［9］Spanos P D, Tezcan J, Tratskas P. Stochastic processes evolutionary spectrum estimation via harmonic wavelets［J］. Computer Methods in Applied Mechanics and Engineering, 2005, 194(12-16)：1367-1383.

风力机台风全过程风振特征分析

柯世堂[1]，王　浩[1]

（1.南京航空航天大学 江苏省风力机设计高技术研究重点实验室，江苏南京 210016）

摘　要：台风自身结构的复杂性导致当大型风力机处于台风不同生命周期影响下的振动特征差异巨大，目前针对台风过境全过程风力机结构安全的影响研究尚属空白。本文在结合宏观台风实测研究成果的基础上，提出了一种针对大型风力机的台风过境全过程风振分析方法。以美国国家可再生能源实验室（NREL）5 MW 风力发电机组为例，系统研究了台风过境全大型风力机的风振响应特征，并揭示了台风全过程效应对大型风力机振动特征的作用机理，提出了可考虑台风全过程效应的大型风力机振动放大效应评价方法。

关键词：抗台风设计；大型风力机；台风过境全过程；风振分析

1　引言

大型风力机的"叶片-轮毂-传动链-机舱-塔架"的耦合系统具有阻尼小、自振频率低、振动剧烈等特征，强台风作用会进一步放大系统的柔性特征，近年频繁出现大型风力机在台风影响过程中的结构安全事故[1]。然而，已有研究成果和相关规范[2-4]大多基于传统的良态风抗风设计理论进行大型风力机体系的结构安全研究，针对台风过境全过程风力机结构安全的影响研究尚属空白。许多学者已对良态风作用下大型风力机的风致响应进行了较为系统的研究[2-3]，相关研究成果已成为目前大型风力机结构设计的参考依据。目前针对台风作用下大型风力机的结构抗风安全问题仍需进一步深入。已有研究中：文献[1]结合台风"杜鹃"和实际风力机叶片结构的破坏特征，指出台风作用所引起叶片超设计载荷是叶片结构破坏的主要原因。文献[5]进一步指出，由于现有风力机运行控制系统大都未考虑极端台风作用的影响，因此普遍存在抵御台风载荷的设计缺陷，这是导致风力机结构在台风载荷作用下易发生失效破坏的主要原因。一些学者尝试采用简化风力机体系进行更全面的台风效应研究，如文献[6]采用简化的静力分析方法开展了台风荷载下风力机塔筒的应力分析，并针对台湾某风力机台风致失效事故进行破坏机理分析。然而，上述研究均基于特定阶段的某一台风实测数据或良态风统计数据进行分析，并未有涉及强台风过境全过程的大型风力机体系振动研究，无法有效揭示大型风力机在台风过境全过程的振动特征。

本文针对大型风力机台风过境下的抗风安全性问题，整合已有台风工程模型和动力学建模方法，在此基础上，以美国国家可再生能源实验室（NREL）5 MW 风力机为例，建立该机型的动力学分析模型，并验证了模型的有效性。在此基础上，系统研究了台风过境全过程大型风力机的风振响应特征,从内力及位移响应和结构设计参数等方面进行探讨,提出考虑台风过境全过程影响的大型风力机设计风振系数取值。

2 研究方法

2.1 基本框架

大型风力机体系运行时叶片总是面向迎风侧,其风振分析一般仅考虑其顺风向风($u(t)$)的影响。然而,当台风过境风力机所处区域时,台风风场的横风向($v(t)$)和垂直风向($w(t)$)均不可忽略。台风场模拟需要考虑以下基本因素:①平均风速;②平均和湍流度剖面;③脉动风谱;④相关性。以往研究中大多将上述参量视为不变参量,然而,台风过境过程中的眼壁强干扰阶段、外围涡旋干扰阶段和台风中心阶段风场特性差异显著。此外,为研究大型风力机耦合体系复杂的非定常气动力载荷和结构非线性问题,有必要建立起精确且稳定的动力学时域分析模型。目前已有多位学者基于不同的理论模型建立了大型风力发电机叶片的动力学分析模型,如"超级单元"理论[7]。其中,Zhao 等人[7]提出了一种 R-W 建模方法的"超级单元"理论,并获得了进一步应用[8]。本文在此基础上,推导建立了大型风力机"叶片-轮毂-传动链-机舱-塔架"的整机耦合体系的多体动力学模型。

图 1 给出了本文搭建的台风过境全过程风力机风振分析基本框架。首先,针对台风场模拟需要考虑基本因素,整合已有台风工程模型,并在"超级单元"理论的基础上建立了改进的大型风力机刚/柔多体动力学模型,基于改进的叶素动量理论实现风场和风荷载之间的数据转换。需要指出的是,该分析方法的搭建并不局限本文总结的研究成果,随着我国近海台风实测研究的持续深入和相关工程模型的改进,该方法中的具体参数取值可进一步修正。

2.2 工程背景及动力学模型验证

本文大型风力机台风过境全过程振动特征研究以 NREL 5MW 机型为工程背景,因为该机型是现阶段具有代表性的大型水平轴风力机型之一,且针对这一机型的动力学研究较多,具有较为详实的数据验证本文分析模型的正确性。

本文研究中将 5 MW 风力机的柔性叶片和塔架使用有限数量的"超级单元"(以下简称SE)离散成多体系统,通过万向铰元件,将柔性的 SE 单元模拟为若干个由刚体、弹簧和阻尼器耦合的离散系统。在此基础上,建立了塔架、叶片和传动轴的多体离散系统,叶根与轮毂通过固定铰连接,由弹簧与阻尼器约束刚体间的相对运动。此外,将机舱和轮毂等变形较小的部件定义为刚体,主轴在动力学分析中会产生扭转,因而将其分割成两个刚体,通过旋转铰连接。为模拟轮毂与主轴相对机舱的转动,通过旋转铰连接刚体与机舱。三个叶片分别与轮毂通过固定副连接,机舱与塔架通过万向铰连接,分别模拟机舱相对塔架的偏航、翘起运动。至此,风力机"叶片-轮毂-传动链-机舱-塔架"的整机系统被离散为一个刚-柔混合多体系统。本文分别建立了验证模型(用于和 NREL 官方结果进行对比验证)和台风停机工况下的顺桨模型(图 2)。

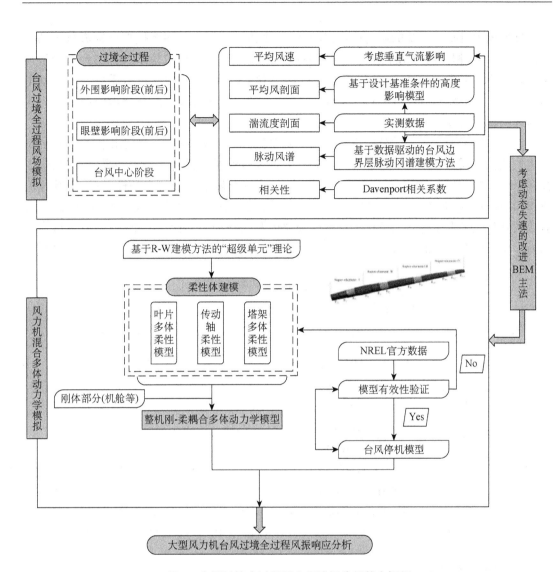

图 1　台风过境全过程风力机风振分析基本框架

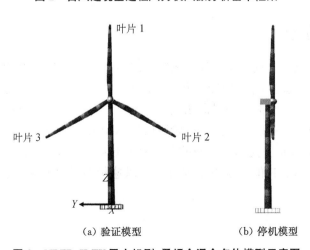

（a）验证模型　　　　（b）停机模型

图 2　NREL 5MW 风力机刚-柔耦合混合多体模型示意图

进行风力机整机系统的耦合前，首先对叶片多体模型和塔架多体模型分别进行了动力特性分析，并与相关研究结果进行了对比验证。采用本文最终模拟模型计算得到的结果与NREL官方结果吻合较好，叶片三维模型的大小和形状与实际叶片接近，质量分布也基本与实际相符，能够较好地反映叶片的动力学特性。为节约篇幅，重点介绍耦合后的整机系统与NREL官方数据的对比验证。

表1列举了本文动力学分析模型的前8阶自振频率和振型特征，并列出了NREL公布的相关数据。需要说明的是，NREL给出了8阶以后的风力机自振频率结果，但其报告中存在分歧，因此本文不作为对比数据。风力机整机体系最重要的动态特性包括：①叶片的挥舞和摆振；②塔架的第一阶和第二阶横向和纵向振动；③叶片和塔架的振动耦合特征。对比结果验证了本文建立的整机多体模型在整体和局部动力学性能的准确性，满足风力机动力学模型模态验证的要求。

表1　风力机整机系统的模态对比验证

模态阶数	本文分析结果		NREL 结果	
	频率	模态特征	频率	模态特征
1	0.32	塔架前后弯曲	0.32	塔架前后弯曲
2	0.33	塔架左右弯曲	0.32	塔架左右弯曲
3	0.66	传动轴扭转	0.62	传动轴扭转
4	0.73	叶片非对称偏航挥舞	0.67	叶片非对称偏航挥舞
5	0.73	叶片非对称俯仰挥舞	0.67	叶片非对称俯仰挥舞
6	0.75	叶片对称挥舞	0.70	叶片对称挥舞
7	1.17	叶片非对称摆振，耦合翘起	1.08	叶片非对称摆振，耦合翘起
8	1.19	叶片非对称摆振，耦合偏航	1.09	叶片非对称摆振，耦合偏航

3　计算结果

3.1　风场模拟结果

限于篇幅，图3列举了前三个台风影响阶段时风力机轮毂位置处的脉动风速时程。当台风处于眼壁强风影响时（包含FEWS和BEWS），顺风向风速标准差显著大于外围涡旋干扰阶段和台风中心阶段，此时的顺风向湍流强度最大可达18%左右，这与文献[9]中实测得到的南海台风极端情况一致。此外，不同阶段台风脉动风速时程呈现出不同的时域分布特征，TES阶段下风速沿u方向和v方向的分量具有较好的跟随性，这反映了台风中心内水平风向相对较为稳定，而其他阶段下不同方向的风速量跟随性较差，反映了此时风向的瞬变特征。

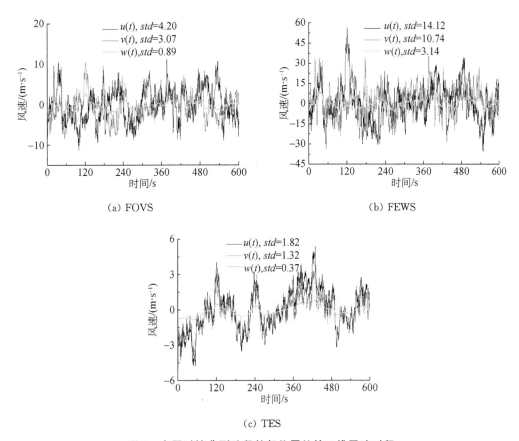

（a）FOVS （b）FEWS

（c）TES

图3 台风过境典型阶段轮毂位置处的三维风速时程

图4列举了前三个台风阶段纵向风谱模拟值与目标值对比，并于图中给出了Davenport谱和Simiu谱等常用风谱。由图可知，常用脉动风速谱与实测台风风谱之间差异较大，尤其当风力机进入到台风眼壁区域时，此时的常用经验谱与实际台风风谱存在显著差异。此外，TES与FEWS阶段相比，其低频段的湍流能量显著减小，这与台风特有的涡旋结构风场特征一致。对比目标风谱和模拟风谱结果可以发现，在感兴趣的频段范围内（0.01～2 Hz）模拟谱和目标谱吻合较好。

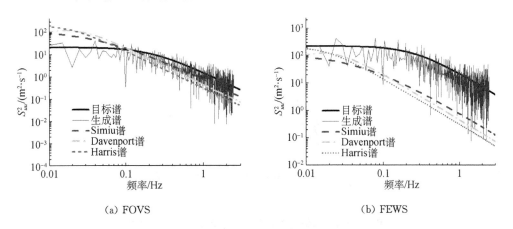

（a）FOVS （b）FEWS

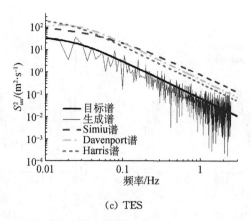

(c) TES

图4 台风过境典型阶段生成谱、目标谱和部分常用风谱对比

3.2 内力及位移响应

图5给出了台风过境五阶段影响下风力机塔架底部弯矩箱视图，图中上下两点为该阶段时塔筒底部弯矩最值，中间长方形上沿代表概率分布为75%的弯矩值，下沿代表概率分

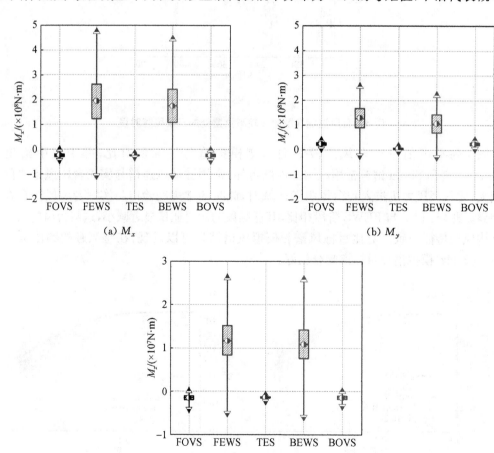

图5 台风过境全过程风力机塔架底部弯矩箱视图

布为 25％的弯矩值,圆点为弯矩平均值。由图可知,FEWS 和 BEWS 阶段的塔筒弯矩显著大于其他几个台风过境阶段,FEWS 阶段 M_x 最大达到 5×10^8 量级。此外,对比不同台风过境阶段的塔筒底部弯矩 M_x 和 M_y 发现,FOVS、TES 和 BOVS 阶段塔筒底部弯矩以 M_y 为主,而 FEWS 和 BEWS 阶段以 M_x 为主,说明风力机的抗台风设计对于塔筒安全的关注点应与正常停机工况区别对待,需引起重视。

图 6 给出了 FOV、FEWS 和 TES 阶段叶片 1 沿长度方向的位移分布曲线,图中长方形和圆点的意义同图 5。由图可知,在所有条件下的位移曲线沿展向均显示出非线性增加的趋势,并且在尖端达到最大值。然而,FEWS 阶段下叶片变形特征明显不同,此时叶片振动形式已经不再是良态风作用下常见的基阶振型,呈明显的高阶挥舞振型的特征,叶片极有可能出现风致破坏或疲劳断裂。

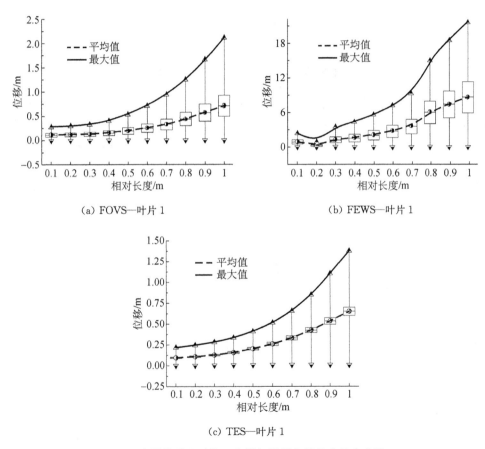

（a）FOVS—叶片 1　　　　　　　　　（b）FEWS—叶片 1

（c）TES—叶片 1

图 6　台风作用下叶片 1 和塔架沿展向的位移分布曲线

3.3　结构设计参数

风振系数是风力发电结构抗风设计的关键参数,也是目前工程设计人员最容易理解和应用的设计思路。考虑到响应的非高斯特征,需在进行风振系数计算时选取合适的峰值因子。图 7 分别给出了不同目标响应下风力机的峰值因子,并给出不考虑非高斯影响的峰值因子结果作为对比。不同方法计算得出的结果差异较大,基于高斯分布假定计算得出的峰值因子随时间变化微弱,计算值稳定于 3.5 附近。而考虑非高斯影响计算得到的峰值因子离散程度较大,体现出明显的阶段特性和不同目标响应的峰值因子差异化取值特征,眼壁强干扰时段内峰值因子的取值显著小于其他台风影响时段。

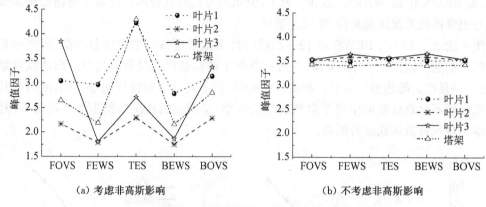

(a) 考虑非高斯影响　　　　　　(b) 不考虑非高斯影响

图 7　不同目标响应下的风力机风振响应峰值因子

基于峰值因子计算得到不同目标响应下风力机的风振系数,如图 8 所示。由图可知,不考虑响应非高斯影响的风振系数波动幅度较大,当风力机处于眼壁强干扰时段风振系数达到 3.0 以上,这对于结构设计而言是明显偏保守的。实际上,当考虑响应的非高斯影响时,不同目标响应的风振系数最大不超过 2.4,且风振系数在 FOVS、FEWS、BEWS 和 BOVS 阶段取值较为稳定(2.3 左右),有效避免了结构设计时参数取值不确定问题,对于叶片结构设计具有参考价值。此外,塔架在台风影响下的风振系数较叶片偏小,数值稳定在 2.05 左右。

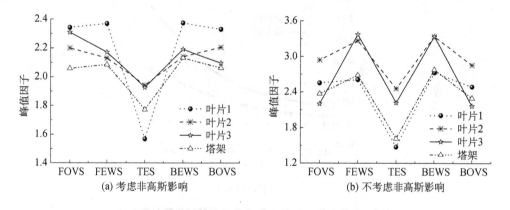

(a) 考虑非高斯影响　　　　　　(b) 不考虑非高斯影响

图 8　不同目标响应下风力机风振系数

4　结论

本文在结合宏观的台风实测研究成果的基础上,针对台风过境过程不同典型阶段的特异性风场,提出了大型风力机台风全过程风振分析方法,系统研究了台风过境全过程作用下特大型风力机的风振特性。

研究结果表明,本文提出的大型风力机台风全过程风振分析方法能够有效地模拟考虑台风全过程效应对于风力机周边风场的影响,并合理预测结构的台风全过程风效应。与良台风的风场能量分布规律不同,台风干扰阶段的风谱较常用脉动风速谱(如 Davenport 谱等)在高频处往往表现出更高的能量。大型风力机抗台风设计应当关注工程所在区域的台风全过程效应,台风过境不同时刻的风特性变化将导致结构设计参数的显著改变。

需要指出的是,本文工作对台风实测结果和相关工程模型的依赖性较高,因此后续研究中持续深入进行台风实测工作(尤其是海上台风实测)并更新更为精确的工程模型是必要的。

参考文献

[1] 王景全,陈政清.试析海上风机在强台风下叶片受损风险与对策——考察红海湾风电场的启示[J].中国工程科学,2010,12(11):32-34.

[2] Amirinia G, Jung S. Buffeting response analysis of offshore wind turbines subjected to hurricanes[J]. Ocean Engineering, 2017, 141: 1-11.

[3] 王同光.风力机叶片结构设计[M].北京:科学出版社,2015.

[4] 中华人民共和国国家质量监督检验检疫总局,中国国家标准化管理委员会.GB/T 18451.1—2012 风力发电机组设计要求[S].北京:中国标准出版社,2012.

[5] Li Z Q, Chen S J, Ma H, et al. Design defect of wind turbine operating in typhoon activity zone[J]. Engineering Failure Analysis, 2013, 27(27): 165-172.

[6] Chou J S, Tu W T. Failure analysis and risk management of a collapsed large wind turbine tower[J]. Engineering Failure Analysis, 2011, 18(1): 295-313.

[7] Zhao X, Maißer P, Wu J. A new multibody modelling methodology for wind turbine structures using a cardanic joint beam element[J]. Renewable Energy, 2007, 32(3): 532-546.

[8] Mo W W, Li D Y, Wang X, et al. Aeroelastic coupling analysis of the flexible blade of a wind turbine [J]. Energy, 2015, 89: 1001-1009.

[9] 王乔乔.南海近海台风近地层风场特性研究[D].青岛:中国海洋大学,2013.

不同风环境下大跨桥梁风致响应特征分析

周广东[1]，操声浪[1]，郑秋怡[1]，刘定坤[1]

（1.河海大学土木与交通学院，江苏南京 210098）

摘　要：风致响应特征一直是大跨桥梁安全设计和性能评估的重要参考。本文基于 MATLAB 和 ANSYS 建立的随机风场模拟和大跨悬索桥抖振时域分析方法，分析了基于规范谱和实测谱的模拟风场作用下大跨悬索桥抖振响应差异，对比了实测日常风和实测台风作用下大跨悬索桥抖振响应的特点。研究结果表明，实测谱模拟风场作用下润扬大桥悬索桥的抖振响应明显大于规范谱模拟风场作用下的抖振响应，最大偏差超过 40%，采用规范谱对润扬大桥悬索桥在风荷载作用下的长期可靠性评估是偏于危险的；尽管日常风的湍流度、阵风因子和湍流积分尺度均大于台风，但台风作用下的抖振响应明显高于日常风的计算结果，大跨桥梁的风致抖振响应水平主要由平均风速和脉动风 RMS 值的大小决定。研究结果可为大跨桥梁结构的抖振精细化分析和运营期的状态评估提供参考。

关键词：大跨悬索桥；钢箱梁；风荷载；抖振；多尺度有限元

1　引言

抖振是指结构在自然风脉动成分作用下的随机性强迫振动，是伴随桥梁结构整个服役期的一种振动现象，对结构性能有十分重要的影响。根据引起抖振脉动风的来源，一般将抖振分为结构物自身尾流引起的抖振、其他结构物尾流引起的抖振和自然风中的脉动成分引起的抖振。由于自然的脉动风引起的抖振起主要作用，现有桥梁抖振分析主要针对大气边界层特征紊流引起的结构抖振。已有的研究已经表明，抖振虽然不至于引起结构的强度破坏，但会引起交变应力缩短构件的疲劳寿命，大大降低结构的长期可靠性[1-2]。随着桥梁结构跨径的不断增大，风致抖振响应也越来越明显，抖振效应已经成为影响结构长期可靠性的重要因素。

由于时域分析不存在频域分析中的模态耦合和模态数选取等问题，且能方便地计入各类非线性因素的影响，越来越多的学者采用时域分析来计算桥梁的抖振响应。基于大型通用有限元软件 ANSYS 的桥梁抖振响应分析方法，将气动自激力以单元阻尼矩阵和单元刚度矩阵的形式加以考虑，例如，华旭刚[3]、王浩[4-5]等分别采用 ANSYS 对多座大跨度桥梁的抖振响应进行了时域计算。这种方法过程简单、概念清楚、易于实现，能够综合考虑桥梁振动过程中的非线性因素以及气动力的非线性因素，因此，在大跨桥梁抖振研究中得到了越来越广泛的应用。

基于 ANSYS 的大跨桥梁抖振时域分析的主要步骤是:首先建立大跨桥梁的三维风场,其次基于节段模型的风洞试验结果按照 Scanlan 教授的准定常理论得到抖振力时程,再次建立结构动力分析的有限元模型,最后将抖振力时程输入有限元模型求解得到大跨桥梁的抖振时域响应。可见,风场特性和结构特性是决定桥梁抖振响应的主要因素。风场特性参数,如平均风速、脉动风功率谱等的不同,必然造成结构抖振响应的差别。

本文首先基于 MATLAB 和 ANSYS 建立了随机风场模拟以及大跨悬索桥抖振时域分析的程序化方法,对比了基于规范脉动风功率谱密度函数和实测脉动风功率谱密度函数模拟风场作用下大跨悬索桥的抖振响应,讨论了实测日常风和实测台风作用下大跨悬索桥抖振响应差异。

2 大跨桥梁结构抖振响应时域分析方法

大跨桥梁结构风致抖振时域分析主要包括随机风场模拟、有限元模型建立和风致抖振时域分析三部分,其中,合理的三维风场和准确的有限元模型是得到可靠的风致抖振响应的基础。

2.1 随机风场模拟

由于实测风特性数据库不可能覆盖世界范围的每个角落,大多数的桥址区并没有足够多的强风记录用于结构风致响应分析,因此,需要根据已有的临近地区的风场特征对桥址区的三维风场进行模拟,从而,风场模拟成为大跨桥梁抖振响应分析的重要步骤。传统的脉动风时程模拟方法主要有线性滤波法和谐波叠加法两种。线性滤波法是将随机过程抽象为满足一定条件的白噪声,然后经过一假定系统对白噪声进行适当变换而拟合出该过程的时域模型。线性滤波法虽然占用内存少、计算快捷,但由于是应用线性变换的方法来逼近非线性过程,所以存在误差较高、精度难以控制等缺点。谐波叠加法(又称谱解法)由 Shinozuka 等提出,它是利用一系列具有不同频率和幅值的谐波通过叠加来逼近目标随机过程的平稳随机过程数值模拟方法。在 20 世纪 70 年代以前就有许多模拟单一随机过程的谐波合成法产生,但直到 1972 年才有可以考虑多维、多变量及非平稳随机过程的方法问世。传统的谐波叠加法计算量大、速度较慢,曹映泓等[6]针对桥梁结构的特点,在模拟过程中运用 FFT 技术,从而大大提高了计算效率,使谐波叠加法在桥梁结构风场模拟中被广泛应用。

2.2 全桥有限元模型

建立能够准确反映实际桥梁结构特性的有限元模型也是风致抖振响应分析的重要步骤,只有基于与实际结构相符的有限元模型,模型单元在风荷载作用下的运动状态才会与实际桥梁结构的运动状态一致。

润扬大桥悬索桥为主跨 1 490 m 的单跨双铰简支钢箱梁桥,采用缆、梁固结的刚性中央扣代替跨中短吊杆以提高大桥的整体高度。为了真实地模拟润扬大桥悬索桥结构,所建立的有限元计算模型必须能够如实地反映结构构件的几何和材料特性、构件之间的连接条件以及边界条件等。对于抖振响应分析而言，"脊骨梁"模型已经具有足够的精度，完全可以满足相应的研究要求，因此采用"脊骨梁"模型对润扬大桥悬索桥进行离散。主梁和桥塔采用空间梁单元模拟，梁单元的刚度即为结构的真实刚度，其密度则采用换算密度；主缆、边缆、吊杆以及中央扣的竖杆和斜杆均采用空间线性杆单元进行模拟，缆索和吊杆计入恒载作用下的几何刚度，单元受力模式设定为只可受拉不能受压，成桥状态下主缆、边缆和吊杆的初始应力以单元初应变的方式加以考虑；边缆底部和桥塔底部均按照完全固结处理，耦合主梁与主塔在横桥向、竖向以及绕顺桥向的转动自由度，主缆与塔顶自由度全部耦合。

气动自激力，包括气动刚度和气动阻尼，采用 Matrix27 单元来模拟。Matrix27 单元具有两个节点，每个节点有 6 个自度，其单元坐标系和总体坐标系平行。该单元没有固定的几何形状，可以通过定义实常数的方式输入对称或不对称的质量、刚度或阻尼矩阵，以模拟结构系统质量、刚度或阻尼。由于桥梁气动刚度和气动阻尼矩阵本身是不对称矩阵，因此采用 Matrix27 单元模拟非常合适。

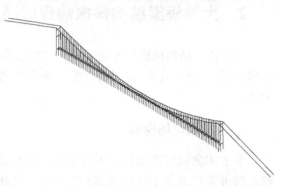

考虑了气动自激力的润扬大桥悬索桥有限元模型如图 1 所示。根据成桥动力试验获得的结构自振特性进一步对模型进行了修正，修正后有限元模型的自振频率与实测结果非常接近，最大相对误差不超过 5%。

图 1　用于抖振分析的润扬悬索桥空间有限元计算模型

3　基于规范谱和实测谱的抖振响应对比分析

大量桥址区实测风场结果表明，实测脉动风功率谱与规范推荐功率谱之间存在显著差异，均指出需要对现行规范进行改进以适应不同地区的风场特性。但该工作目前仍然停留在对实测风场数据本身的分析，这种差异对大跨桥梁抖振响应的影响研究还鲜有报道，尚未建立风场特征参数差异性与结构响应差异性之间的对应关系。因此，本文分别根据润扬大桥悬索桥地区大量实测风场数据总结的脉动风功率谱和规范推荐的脉动风功率谱进行风场模拟，并将模拟风场作为风荷载输入进行抖振响应分析，以讨论规范谱与实测谱的差异给润扬大桥悬索桥抖振响应带来的影响。

3.1　风荷载特性

实测谱取为跨中实测风场的脉动风功率谱的平均值（如式 1 所示），规范谱取为 Kaimal 谱（如式 2 所示），平均风速取为跨中风场的长期实测风速的平均值 7.55 m/s。

$$\frac{nS_u(n)}{(u^*)^2} = \frac{15.75f^{0.73}}{(1+8.14f^{0.96})^{1.46}} \tag{1}$$

$$\frac{nS_u(n)}{(u^*)^2}=\frac{200f}{(1+50f)^{\frac{5}{3}}} \tag{2}$$

式中，$S_u(n)$ 表示脉动风功率谱，n 表示脉动频率；$f=nZ/U$ 表示莫宁坐标；u^* 表示气流摩阻速度。

同时绘制实测脉动风功率谱和规范推荐脉动风功率谱，如图 2 所示。通过对比可以发现，在低频区域，实测谱低于规范谱，但是在高频区域，实测谱明显高于规范谱，脉动风的能量向高频区域偏移。

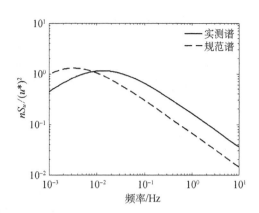

图 2　脉动风功率谱

3.2　抖振响应对比分析

采用上述方法，分别基于实测谱和规范谱对润扬大桥悬索桥地区的风场进行模拟，并作为风荷载输入进行抖振时域分析。为了方便比较，根据抖振分析结果，计算主梁跨中抖振加速度和位移响应的 RMS 值，如表 1 和表 2 所示，表中的扭转响应均用角度（deg）表示（下文中如无特别说明，也采用相同的表示方法）。总体来讲，无论是加速度响应还是位移响应，采用实测谱的计算结果均大于规范谱的计算结果。其中，水平向振动响应的差异最大，加速度响应和位移响应的偏差分别达到 43.69％和 37.36％；扭转振动响应的差异次之，加速度响应和位移响应的偏差分别达到 27.27％和 24.44％；竖直向振动的差异最小，加速度响应和位移响应的偏差分别仅为 18.53％和 21.43％。结合功率谱的能量分布特性，实测功率谱引起的强抖振响应主要是由于实测功率谱在惯性子区内的能量较高。可见，脉动风功率谱在 0.01～10 Hz 频带内的能量分布对大跨桥梁结构的抖振响应有十分重要的影响，在进行脉动风功率谱建模时，应特别注意对此频带内的能量分布进行准确描述。因此，采用基于实测谱模拟风场的计算结果更为准确。

表 1　主梁跨中加速度响应 RMS 值

对比项	竖直向振动/(m·s⁻²)	水平向振动/(m·s⁻²)	扭转振动/(deg·s⁻²)
规范谱	0.034 0	0.010 3	0.001 1
实测谱	0.040 3	0.014 8	0.001 4
偏差	18.53％	43.69％	27.27％

注：偏差＝（实测谱 RMS 值－规范谱 RMS 值）/规范谱 RMS 值

表 2　主梁跨中位移响应 RMS 值

对比项	竖直向振动/m	水平向振动/m	扭转振动/deg
规范谱	0.016 8	0.009 1	0.009 0
实测谱	0.020 4	0.012 5	0.011 2
偏差	21.43％	37.36％	24.44％

注：偏差＝（实测谱 RMS 值－规范谱 RMS 值）/规范谱 RMS 值

4　日常风与台风作用下的抖振响应对比分析

强/台风可能造成桥梁结构的突然垮塌，造成重大的人员伤亡和经济损失。与强/台风相比，虽然日常风的平均风速较小，但是根据已有研究可知，日常风有比台风更强的湍流度，在某些情况下也可能引起桥梁结构强烈的抖振响应。因此有必要对日常风和台风作用下的大跨桥梁抖振响应进行对比分析，为日常风和台风作用下钢箱梁关键细节的疲劳评估奠定基础。

4.1　风场特性对比

分别选取三条日常风时程和三条台风时程，作为抖振响应分析的风荷载输入。首先计算这六条风速样本的风场特征参数，其结果如表3所示。日常风的平均风速较小，约为台风的65%，但是其脉动风特征参数，包括湍流强度、阵风因子以及湍流积分尺度，均大于台风，在湍流积分尺度上表现尤其明显，但脉动风的RMS小于台风的计算结果。湍流旋涡的大尺度表明日常风对结构的影响范围更大。选取其中一条日常风样本和一条台风样本进行比较，其脉动风时程和脉动风功率谱如图3所示，日常风的幅值约为5 m/s，而台风的幅值约为10 m/s，比日常风大了近一倍。从脉动风功率谱上看，台风的脉动能量也比日常风的更高。

表3　日常风与台风的风场特征参数对比

风场特性		平均风速/ (m·s⁻¹)	RMS/ (m·s⁻¹)	湍流强度	阵风因子	湍流积分尺度/m
日常风	样本1	8.40	2.35	0.28	1.64	348.80
	样本2	8.85	2.74	0.31	1.82	158.55
	样本3	8.29	2.24	0.27	1.74	183.45
	平均值	8.51	2.44	0.29	1.73	230.27
台风	样本1	13.76	3.00	0.22	1.70	99.65
	样本2	13.01	3.09	0.24	1.68	84.86
	样本3	12.64	2.96	0.23	1.70	112.37
	平均值	13.14	3.02	0.23	1.69	98.96

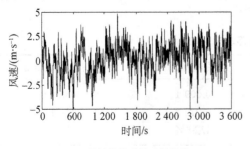

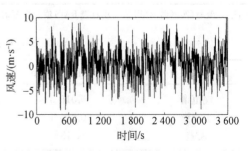

(a) 日常风的脉动风时程曲线　　　　　　　　(b) 台风的脉动风时程曲线

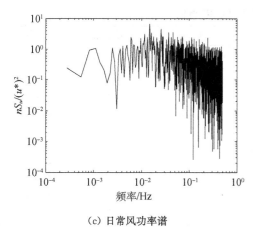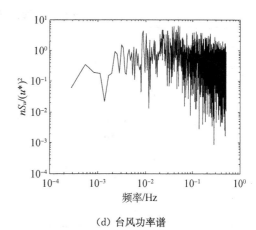

（c）日常风功率谱 　　　　　　　　　　　　　（d）台风功率谱

图 3　日常风与台风特性对比

4.2　抖振响应对比

主梁跨中在日常风和台风作用下的抖振响应 RMS 值如表 4 和表 5 所示。尽管日常风的脉动风特征参数比台风更高，但是从整体上看，日常风作用下结构的抖振响应还是远低于台风引起的抖振响应，大概在 20％～40％之间。取三条样本的平均值，对于抖振加速度响应，日常风作用下的竖直向、水平向和扭转分量的 RMS 值分别为台风作用下振动响应的 26.41％、46.06％和 36.36％；对于抖振位移响应，日常风作用下的竖直向、水平向和扭转分量的 RMS 值分别为台风作用下位移响应的 39.13％、26.62％和 32.22％。因此，平均风速和脉动风的 RMS 值是决定抖振响应结果的主要因素。湍流度由于是脉动风 RMS 值与平均风速的比值，其值的大小由平均风速和脉动风强度共同决定，小的平均风速和小的 RMS 值也可能得出高的湍流度。从这个层面讲，采用平均风速和脉动风的 RMS 值能更有效地比较两条风速时程引起的桥梁抖振响应的大小。

表 4　主梁跨中加速度响应 RMS 值

	样本	样本 1	样本 2	样本 3	平均值
竖直向振动 /(m·s⁻²)	日常风	0.011 9	0.011 1	0.012 1	0.011 7
	台风	0.050 0	0.046 6	0.036 2	0.044 3
	比例（日/台×100）	23.80％	23.89％	33.41％	26.41％
水平向振动 /(m·s⁻²)	日常风	0.009 6	0.013 5	0.010 3	0.011 1
	台风	0.021 1	0.034 5	0.0266	0.024 1
	比例（日/台×100）	45.50％	39.03％	38.77％	46.06％
扭转振动 /(deg·s⁻²)	日常风	0.000 3	0.000 4	0.000 4	0.000 4
	台风	0.001 1	0.001 2	0.001 0	0.0011
	比例（日/台×100）	30.77％	30.66％	37.94％	36.36％

表5　主梁跨中位移响应 RMS 值

	样本	样本 1	样本 2	样本 3	平均值
竖直向位移 /m	日常风	0.013 4	0.020 5	0.014 7	0.016 2
	台风	0.035 4	0.051 8	0.036 9	0.041 4
	比例(日/台×100)	37.85%	39.49%	39.94%	39.13%
水平向位移 /m	日常风	0.010 9	0.010 2	0.011 0	0.010 7
	台风	0.045 5	0.042 0	0.033 0	0.040 2
	比例(日/台×100)	23.93%	24.41%	33.40%	26.62%
扭转位移 /deg	日常风	0.008 6	0.009 5	0.009 5	0.018 4
	台风	0.028 6	0.031 8	0.025 2	0.057 1
	比例(日/台×100)	30.00%	29.68%	37.82%	32.22%

5　结论

风致抖振一直是桥梁风工程领域的研究重点和热点，随着桥梁跨度和柔性的增加，抖振响应变得越来越重要。本文利用大型通用数值计算软件 MATLAB 实现了大跨桥梁结构的风场模拟，基于大型通用有限元软件 ANSYS 实现了大跨桥梁结构抖振时域分析，进而讨论了不同风环境下大跨桥梁抖振响应的特征，可得出如下结论：

（1）无论是竖直向分量、水平向分量还是扭转分量，采用实测脉动风功率谱模拟风场计算的润扬大桥悬索桥的抖振响应均大于采用规范谱的计算结果，最大偏差超过 40%，其中水平向分量的差异最大，扭转分量次之，竖直向分量最小。采用规范谱对润扬大桥悬索桥在风荷载作用下的长期可靠性评估是偏于危险的，应该采用基于长期实测风场归纳的脉动风功率谱。

（2）虽然选取的三条日常风样本的湍流强度、阵风因子还是湍流积分尺度均大于台风的计算结果，但是就抖振响应而言，与台风作用下的结果相比，日常风引起的抖振响应在三个方向分量更小。大跨桥梁的风致抖振响应水平主要由平均风速和脉动风的 RMS 值的大小决定，采用平均风速和脉动风的 RMS 值作为描述风致抖振分析的风荷载特征参数更为直观。

参考文献

[1] Li Z X, Chan T H T, Ko J M. Evaluation of typhoon induced fatigue damage for Tsing Ma Bridge[J]. Engineering Structures, 2002, 24(8)：1035-1047.

[2] Xu Y L, Liu T T, Zhang W S. Buffeting-induced fatigue damage assessment of a long suspension bridge[J]. International Journal of Fatigue, 2009, 31(3)：575-586.

[3] 华旭刚,陈政清,祝志文.在 ANSYS 中实现颤振时程分析的方法[J].中国公路学报,2002,15(4):35-37.

[4] 王浩,李爱群.斜风作用下大跨度桥梁抖振响应时域分析(I)：分析方法[J].土木工程学报,2009,42(10):74-80.

[5] 王浩,李爱群.斜风作用下大跨度桥梁抖振响应时域分析(II)：现场实测验证[J].土木工程学报,2009,42(10):81-87.

[6] 曹映泓,项海帆,周颖.大跨度桥梁随机风场的模拟[J].土木工程学报,1998,31(3):72-79.

CFD 在超高电梯测试塔设计中的应用研究

杨律磊[1, 2]，龚敏锋[1, 2]，谈丽华[1, 2]

(1. 中衡设计集团股份有限公司，江苏苏州 215021；
2. 江苏省生态建筑与复杂结构工程技术研究中心，江苏苏州 215021)

摘　要：计算流体力学(CFD)作为风工程研究的新技术，已得到越来越多的应用。本文以两栋超高电梯测试塔工程为背景，采用 CFD 技术对超高层电梯测试塔结构设计中涉及的结构表面风荷载、风振响应以及电梯轿厢优化等方面进行了研究。文中首先通过 RANS 方法对结构表面平均风荷载进行了模拟，以计算得到的风荷载体型系数为结构抗风设计提供指导；利用动网格技术，对电梯轿厢高速运行下的气动特性进行了模拟，并研究了改善方案；基于大涡模拟，研究了不同风向角下建筑表面风荷载的变化规律，并将大涡模拟得到的非定常风压时程作为结构激励，采用频域法计算得到随机振动响应，与风洞试验结果对比具有良好的吻合度。

关键词：超高层；电梯测试塔；计算流体力学；大涡模拟；风振响应

1　前言

随着经济的高速发展和城市用地需求的不断增长，超高层建筑在城市建设中占有的地位越来越高。电梯作为高层建筑中主要的运输工具，必然会对电梯运行速度提出更高的要求，高速电梯的研发和超高电梯测试塔的建设需求应运而生。

由于使用功能的需要，电梯测试塔的高宽比相对更大，结构更柔，其固有频率与强风的卓越频率更加接近，风荷载成为主要设计荷载之一，结构抗风性能设计成为测试塔结构设计中不可或缺的控制性环节。

对于超高层建筑的抗风设计，风洞试验目前仍是主要的研究手段；而近年来，计算机硬件和软件的飞速发展使得运用计算流体力学(Computational Fluid Dynamics，简称 CFD)方法模拟建筑风荷载成为可能，其相比于风洞试验，可更准确地模拟建筑外形、缩短试验周期、避免雷诺数效应和阻塞率影响，同时提供建筑表面风压和周围风场信息等；通过与物理风洞试验相互验证和补充，可为实际工程抗风设计提供多样的技术支持。

根据《建筑工程风洞试验方法标准》(JGJ/T 338—2014)[1]中相关规定，对于关系到结构安全的风荷载问题，需要通过风洞试验获得相关参数；在建筑方案设计和方案优选阶段，可采用数值风洞模拟方法。

本文基于 CFD 方法，结合风洞试验结果，对超高层电梯测试塔结构设计中涉及的结构表面风荷载、风振响应以及电梯轿厢优化等方面进行了模拟研究。

2 工程概况

图 1 和图 2 分别为康力电梯测试塔和通力电梯测试塔，结构基本信息如表 1 所示。

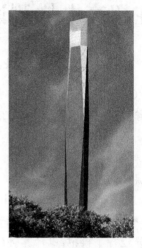

| 图 1　康力电梯测试塔 | 图 2　通力电梯测试塔 |

表 1　结构基本信息

项目名称	康力电梯测试塔	通力电梯测试塔
结构高度	268 m	235.6 m
高宽比	11.4	14.5
结构形式	筒中筒	多束筒体＋剪力墙

由于结构的高宽比远超常规情况，在设计中需要对风荷载进行详细的研究，已有的工程经验与理论研究表明横风向风振为此类结构设计的控制性因素，而横风向风振主要是由于气流通过结构后形成尾流的旋涡脱落引起气压交替变化所致；故在这两栋高耸测试塔的方案阶段设计中，分别通过对结构平面进行凹角和削角处理来尽可能减小横风向风振影响。

在康力电梯测试塔设计时，采用凹角设计减小了横风向风振响应，但同时减小了结构整体抗弯刚度；因此在设计中，对结构低区仍然采用矩形平面设计，利用电梯井筒及楼梯间将剪力墙布置在外围，最大可能提高结构的整体抗侧刚度（图 3）。

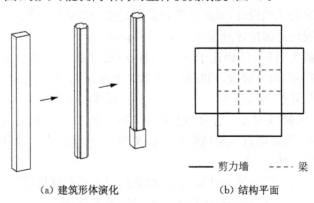

——剪力墙　- - - 梁

| （a）建筑形体演化 | （b）结构平面 |

图 3　康力电梯测试塔结构方案设计

在通力电梯测试塔设计时,当结构平面的切角范围自下而上均一致时,建筑表达较为单调;当设定切角范围在高度范围连续变化时,可进一步降低风振响应(图4)。

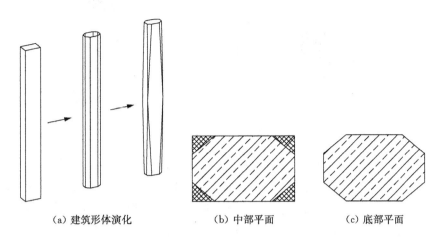

(a)建筑形体演化　　　　　　(b)中部平面　　　　　　(c)底部平面

图4　通力电梯测试塔结构方案设计

3　基于 RANS 方法的结构表面风荷载模拟

基于 RANS 的模拟方法是目前计算流体力学工程中应用最为广泛的方法,其对于建筑物表面平均风荷载的模拟已较为成熟[2-3],本节基于 RANS 方法,对康力电梯测试塔表面平均风荷载特性进行了模拟,相关模拟参数如表 2 所示。图 5 所示为计算域和网格示意。

表2　基本模拟参数

计算域尺寸	$x=3\,200$ m,$y=2\,000$ m,$z=700$ m,其中 x 为顺风向,y 为横风向,z 为高度方向,最大阻塞率小于3%;测试塔置于 y 方向 1/2 处,x 方向上游长度 750 m,下游长度 2 100 m
网格方案	结构网格和非结构网格相结合,网格总数 235 万,最小单元尺寸 0.5 m
入口边界条件	入口采用速度入口边界(Velocity Inlet),平均风速剖面采用《建筑结构荷载规范》(GB 50009—2012)[4]的指数形式表达,湍流动能和耗散率参考日本荷载规范[5]定义
出口边界条件	完全发展出流边界(Outflow)
壁面条件	无滑移的壁面条件(Wall)
流场求解方法	SIMPLE
对流项求解格式	二阶迎风格式
结果收敛准则	残差量小于设定值 10^{-5},且表面风压基本不发生变化

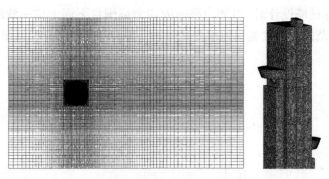

图 5　计算域尺寸和网格示意

图 6 为某风向角下结构表面计算风荷载体型系数分布云图。从结构整体来看,在迎风面高度方向上,结构上部和底部相比中部来说较大,主要是由于这些区域结构的体型已经接近于长方形,而不为结构中部的十字形,分布规律与规范吻合;在中部区域水平方向上,结构两侧压力较小,中间压力较大,其与十字形结构表面风压分布特点保持一致;背风面和迎风侧面上的风荷载体型系数分布较为平均,较大的吸力出现在侧面边缘处,并沿风向分离作用减弱,逐渐均匀分布。

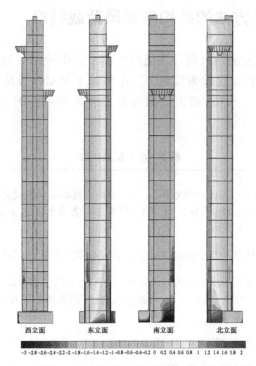

西立面　　东立面　　南立面　　北立面

-3 -2.8 -2.6 -2.4 -2.2 -2 -1.8 -1.6 -1.4 -1.2 -1 -0.8 -0.6 -0.4 -0.2 0 0.2 0.4 0.6 0.8 1 1.2 1.4 1.6 1.8 2

图 6　某风向角下结构表面风荷载体型系数分布图

由图 7 所示测试塔悬挑体周围流域风速和矢量分布图可以看出,结构侧风面周围风速变化较大,而由于悬挑体的弧度会加强气流的分离作用,使得该现象在悬挑体处于侧风面的风向角下尤为明显;另外,从矢量图中可以清楚看到,在背风处和十字形凹进部分形成了明显的旋涡。

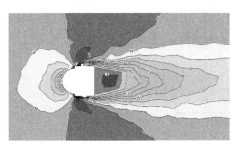 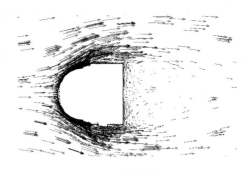

| （a）风速云图 | （b）风速矢量 |

图 7　悬挑体高度处风速和矢量分布图

综合不同风向角情况,在测试塔迎风侧面边缘,以及悬挑体上表面、侧面和建筑群底部等一些特殊区域,由于边缘气流分离出现较大负压涡流,造成局部负压较大;另一方面,周边建筑对测试塔底部起到了明显的遮挡效应,而测试塔与周边建筑形成的狭缝效应,也会使得在部分结构迎风侧面的风压加大,同时对风环境造成影响。

风荷载体型系数的模拟计算,在整体上与规范建议的长方形和十字形结构体型系数分布较为一致,而局部特殊区域的系数分布情况可同时为结构设计提供有力的参考。

4　基于动网格的电梯轿厢模拟优化

康力电梯测试塔的建立,带动了一系列超高速电梯的开发和研究,其 T5 客梯额定速度达到 21 m/s,轿厢的超高速运行,势必带来一系列气动性问题。

（1）气动阻力:由伯努利方程可知,轿厢顶部所受的气动阻力与其运行速度的二次方成正比,故电梯轿厢顶部的受力随着速度的加快将激增,使其成为轿厢设计不可忽略的因素;另外,由于气流在轿厢侧面形成分离,将会带来非常大的负压影响,对于电梯设计来说也必须引起重视;而更重要的是,气动阻力将直接关系到电梯运行的耗能和对电梯牵引系统的选择。

（2）底部旋涡:电梯高速运行时,上游气流在经过轿厢和井道之间时,由于空间突变狭窄,速度会大大提高,在高雷诺数的环境下,这些被加速的高速气流在轿厢尾部将产生很大的分离并形成剪切层;而由于剪切层两侧存在很大的速度梯度,在流动中将形成不连续的旋涡,不断从电梯尾部脱落,使得流场中的压力产生剧烈的波动,轿厢结构发生振动,产生噪音;特别是当涡脱落的频率与轿厢自振频率接近时,将会引起电梯的共振,此时乘客的舒适度和安全性将都会受到极大影响,电梯结构和牵引系统也会遭受到极大的破坏。

（3）洞口风压:如上所述,由于电梯的高速运行,使得井道中的气流速度加快,而井道中只存在上下两个洞口,其周围的风速分布和压力监测对洞口的安全性分析尤为重要;另一方面,开口面积的大小对井道中的气流分布、改善轿厢阻力功耗和建筑结构节能也有较大影响。

鉴于此,本节采用 CFD 技术,对电梯轿厢在井道内的高速运行进行了数值模拟,由于篇幅有限,以下仅对轿厢外形优化进行阐述。

以 T5 客梯为例，轿厢按照 5 m/s² 的加速度经过 4.2 s 达到最高速度 21 m/s，整个模拟过程电梯速度如图 8 所示；在计算过程中对轿厢顶部和底部的阻力进行了监测，如图 9 所示，总阻力最大值为 2 830 N，图 10 所示为中间时刻轿厢达到最高速度时其周围流场的速度分布图。

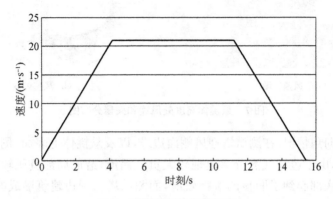

图 8　不同时刻的电梯速度

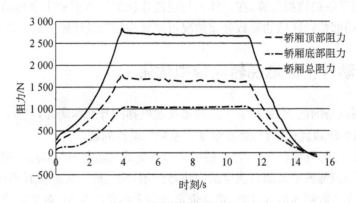

图 9　不同时刻的轿厢阻力

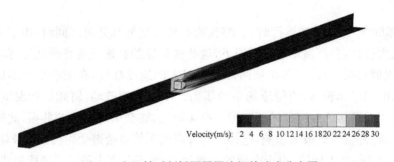

图 10　中间某时刻轿厢周围流场的速度分布图

结合国内外的研究现状，在电梯轿厢和井道尺寸已经确定的情况下，一般通过在轿厢顶部和底部安装导流罩来改善气动特性。本文先后尝试了四种改善方案（见图 11），方案 1 和方案 2 为锥体形导流罩，高度分别取 0.8 m 和 1.5 m；方案 3 和方案 4 为椭球体形导流罩，高度分别取 0.8 m 和 1.5 m。

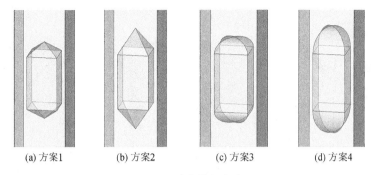

(a) 方案1　　　(b) 方案2　　　(c) 方案3　　　(d) 方案4

图 11　导流罩优化方案图

对该四种优化方案的气动特性进行模拟计算后,得到各方案高速气流作用下轿厢整体的压力分布图;由于优化方案的上下游表面都不平行于运行方向,故本文通过计算各表面压力的垂直分量来确定电梯的运行阻力。图 12～图 14 分别为原方案、优化方案 1 和方案 3 轿厢表明受压分布云图。

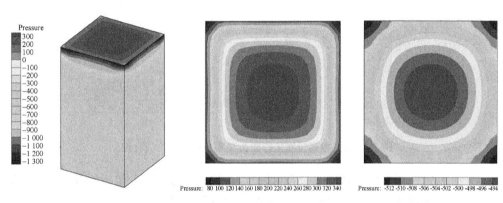

图 12　电梯原型表面受压分布图

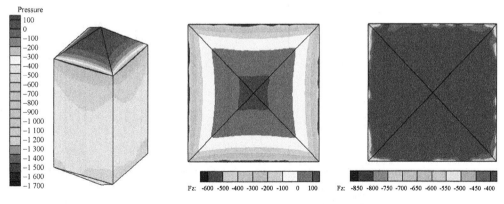

图 13　优化方案 1 轿厢表面受压分布图

对上下表面竖向分力积分得到电梯轿厢的运行阻力,并统计各方案局部最大阻力与原方案进行对比,结果如图 15 所示。从图中可以明显看出,在对轿厢安装导流罩后,运行阻力明显减小,椭球体形的更是减小到原方案的 10% 左右;另一方面,从局部最大阻力对比可以看出,椭球体方案减缓作用明显,而锥体形导流罩反而使气流的分离作用更加明显。

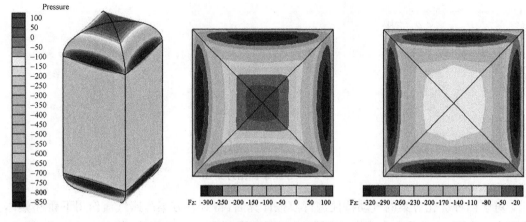

图14　优化方案3轿厢表面受压分布图

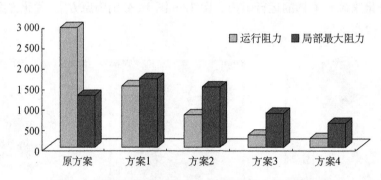

图15　不同方案轿厢运行阻力和局部最大阻力对比图

从图16所示轿厢周边流域迹线分布可以看出，锥体形方案在下游虽然有不同程度的减弱，但还是出现了涡流现象；而椭球体形方案尾部涡流区已经被完全消除。

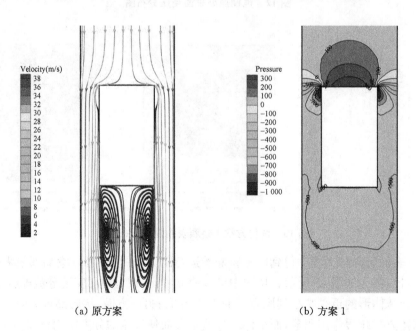

（a）原方案　　　　　　　　　　（b）方案1

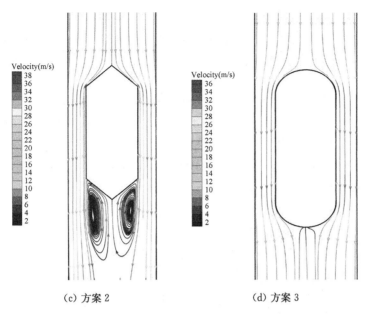

(c) 方案 2　　　　　　　　　　　　　(d) 方案 3

图 16　不同方案流域切面迹线速度分布

　　本节对电梯轿厢外形优化对气动特性改善进行了一定的研究,并达到了预期的优化效果,为最终轿厢选型提供了相应的依据和参考。

5　基于大涡模拟的风荷载模拟

　　相对于 RANS 方法,大涡模拟可对大尺度旋涡直接求解,尽管对网格划分和计算机提出了更高的要求,但其可在非定常计算中得到较为精确的模拟结果。

　　本节通过对通力超高层电梯测试塔进行多工况的大涡模拟,研究不同风向角下建筑表面风荷载的变化规律;并基于大涡模拟得到的非定常风压时程,根据惯性风荷载方法求解得到等效静力风荷载,并与风洞试验结果进行了对比[6]。

5.1　基本信息

　　由于建筑横截面是中心对称图形,结构布置也基本对称,因此仅模拟 0°～90°风向角,定义垂直横截面长边(X 向)为 0°风向角,选取风向角间隔 30°,最终选取计算工况为 0°、30°、60°和 90°共四种。表 3 所示为基本模拟参数,图 17～图 19 为计算流域和网格划分示意。

表 3　基本模拟参数

计算域尺寸	$x=3\,220$ m,$y=1\,840$ m,$z=460$ m,其中 x 为顺风向,y 为横风向,z 为高度方向,阻塞率为 0.74%
网格方案	结构网格和非结构网格相结合,建筑周边使用四面体非结构化网格,远离建筑区域使用六面体结构化网格,网格延伸率为 1.05～1.08

（续表）

y^+ 值控制	为满足建筑表面 y^+ 的要求，采用 1∶500 几何缩尺比，并在建筑表面附近使用棱柱体网格覆层加密，将大部分表面的 y^+ 值控制在 30 以内，主要核心区域控制在 10 以内
湍流模型	稳态计算采用 RNG k-ε，非稳态计算采用大涡模拟
离散格式	动量方程对流项采用 Bounded Central Differencing 离散格式，瞬态项采用 Second Order Backward Euler 离散格式
时间步长	时间缩尺比取为 1∶100，$\Delta t=0.000\,5$ s，模拟时长 6 s，对应实际时长为 10 min

图 17　建筑几何模型

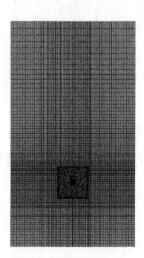

图 18　计算流域网格划分

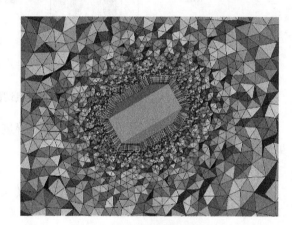

图 19　建筑壁面网格划分

5.2　入口脉动风速生成

采用可以准确反映大气边界层湍流情况的入流边界条件是建筑大涡模拟的关键点，目前主要有辅助域法和直接合成法两类，出于计算量和精度的考虑，本文采用直接合成法，以 Kaimal 谱为目标谱，使用自回归模型的线性滤波法（AR 法）生成 LES 入口网格点上的脉动风速时程 $u(t)$。AR 法考虑了脉动风速的时间和空间相关性，并且相对于其他脉动风速合成方法，AR 法计算量小、模拟结果更好[7]。根据文献[1]，入口风速随高度变化的平均值用指数律剖面表示：

$$U_Z = U_{10}\left(\frac{Z}{10}\right)^{\alpha} \tag{1}$$

式中：U_Z 为 Z 高度处风速，U_{10} 为 10 m 高度处的风速，α 为指数率，按 B 类风场取 0.15。因此输入 LES 入口的总风速时程 $U(t)$ 为脉动值与平均值之和：

$$U(t) = U_Z + u(t) \tag{2}$$

在进行非定常计算之前,先通过 AR 法生成各网格点的总风速时程,每个时间步保存一个风速文件,该文件包含一个时间步内入口各网格点的风速值。非定常计算时,在每个时间步计算之前读入该时间步对应的风速文件,将风速文件读入 ANSYS CFX 中采用 CFX 提供的 User Fortran 编程实现。

该工程在同济大学土木工程防灾减灾国家重点实验室的 TJ-2 风洞中进行了刚性模型测压试验,本文将大涡模拟数值计算结果与风洞结果[8]进行对比,图 20 分别给出了风洞试验(图中"WT")和数值模拟(图中"LES")的平均风速剖面和湍流度剖面,并与规范[1]中规定的风剖面进行对比。剖面位置位于建筑前 $3.5H$ 处。由图可见,数值模拟和风洞试验结果与规范规定的风场基本一致,都符合指数率分布。

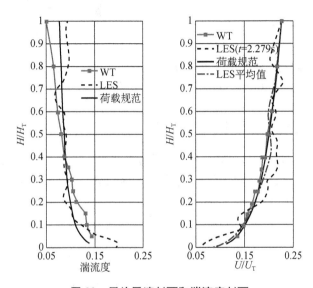

图 20　平均风速剖面和湍流度剖面

在同一剖面的 H 高度处取风速时程,并与由 AR 法生成的输入风速时程进行对比,见图 21 时程曲线对比和图 22 功率谱对比,功率谱对比图中还给出了风速谱理论公式曲线。由图 21 可见虽然输入的风速时程与经过空间过滤后的风速时程总体变化情况基本一致,但过滤后风速时程明显更光滑,说明通过 LES 计算滤掉了风速的高频分量,这一现象可以从图 22 中更直观地看出,计算后风速的高频能量减少很多,这是由大涡模拟理论导致的不足

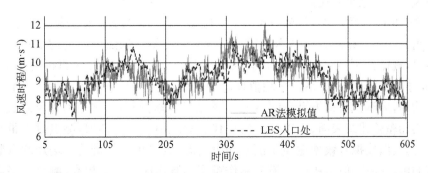

图 21　AR 法模拟所得 H 高度处脉动风速时程与同高度 LES 入口处风速时程的对比

之处,属于理论误差。尽管如此,模拟谱和大涡模拟计算得到的风速谱在无量纲频率为 0.2～1.0 的惯性子区范围内与风速谱理论公式基本吻合,而该频率段是工程所关心的风速谱频率段。以上两点说明 LES 计算域的风场满足工程精度要求。

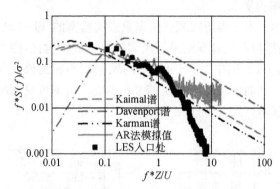

**图 22   AR 法模拟所得 H 高度处脉动风速功率谱密度与
LES 入口处结果和理论公式值的对比**

5.3   高层建筑层风力系数对比

高层建筑的风致振动采用"串联多质点系"的葫芦串力学模型进行计算,每层质点仅考虑两个方向的平动质量和绕竖向轴的转动惯量,因此相应的风荷载采用层风力集中荷载,层风力计算公式为:

$$F_x(z,t) = \mu_x(z,t) \cdot B \cdot h(z) \cdot P(z) \tag{3}$$

$$F_y(z,t) = \mu_y(z,t) \cdot D \cdot h(z) \cdot P(z) \tag{4}$$

$$F_{xy}(z,t) = \mu_{xy}(z,t) \cdot B \cdot D \cdot h(z) \cdot P(z) \tag{5}$$

式中:$F_x(z,t)$、$F_y(z,t)$ 和 $F_{xy}(z,t)$ 分别为 t 时刻 z 高度处的 X 向、Y 向层风力和绕 Z 轴的层风力力矩,$\mu_x(z,t)$、$\mu_y(z,t)$ 和 $\mu_{xy}(z,t)$ 为与之对应的层风力系数,$h(z)$ 为 z 高度处建筑楼层高度,$P(z) = 0.5 \cdot \rho \cdot U_z^2$ 为 z 高度处建筑前方来流动压,B、D 为建筑宽度和长度。根据相似性原理,层风力系数可由风洞试验或数值模拟得到,进而根据式(3)～(5)得到作用于实际建筑上的风荷载。图 23 和图 24 为各风向角下数值模拟得到的层风力系数平均值与风洞试验结果对比。

从图 23 和图 24 可以看到,单一风向角下风洞试验结果与大涡模拟结果基本一致,随高度和风向角的变化规律两者也基本相符。但是大涡模拟结果随风向角的变化规律较风洞试验更明显,规律性更强,便于结构优化设计。对于横截面中心对称的高层建筑,在 0°和 90°风向角时,横风向层风力系数平均值理论上应该等于 0,但是 0° X 向和 90° Y 向的层风力系数平均值,风洞试验结果沿高度不为 0,该结果与理论不符,这是因为风洞试验的测点布置无法均匀覆盖建筑表面,仅以一层测点代表建筑中的几层楼层,测点过少带来的误差非常明显,而大涡模拟有效地避免了测点布置问题,其结果比较准确。增加测点数量无疑是最直接的解决办法,但是相应的模型制作难度和制作成本同时提高;测点过多会导致无法一次同步测试,分次测试也会带来误差。

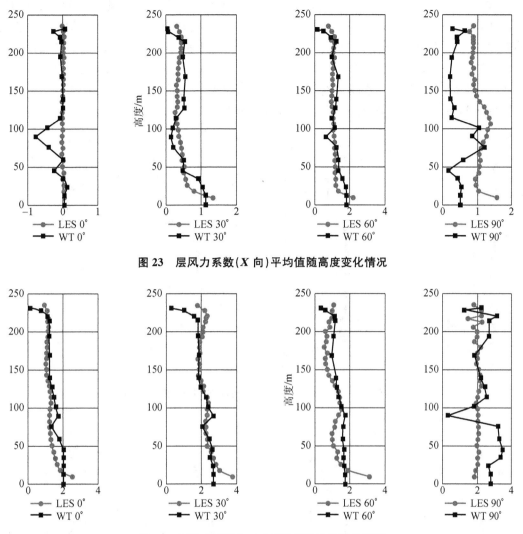

图 23　层风力系数(X 向)平均值随高度变化情况

图 24　层风力系数(Y 向)平均值随高度变化情况

对于风向角 0°～60°，Y 向层风力系数曲线在 100 m 附近有增大突起，而在 90°风向角时（此时 X 向是顺风向），X 向层风力系数曲线在 100 m 附近也有增大突起，这是因为在 100 m 高度附近建筑横截面的削角由两边向中间逐渐减小，在 107.5 m 高度时横截面无削角，从图中可以看到，此时层风力系数达到极大值。说明建筑削角可以有效地改善建筑风荷载，优化结构设计。

5.4　风振计算

本文采用惯性风荷载方法[9]求解等效静力风荷载，并将计算结果与风洞试验报告给出的等效静力风荷载进行对比，见图 25 和图 26，图中还给出了根据《建筑结构荷载规范》计算的等效静力风荷载，由于该工程的高宽比 $H/\sqrt{BD} \approx 11$ 超过了规范限值，故根据规范[1]计算的横风向等效静力风荷载为近似值。由图可见，本文方法计算得到的等效静力风荷载与风洞试验结果不仅在单一风向角下随高度的变化情况一致，而且随风向角的变化情况也基本一致。与规范值对比可知，在 60°风向角时，X 向等效静力风荷载的本文计算值、风洞报告值和规范值三者非常吻合；在 0°风向角时，Y 向等效静力风荷载的本文计算值和风洞报告值非常吻合，并且两者都大于规范值；上述两个风向角下的等效静力风荷载也是其他风向角的包络值。上述表明本文的计算方法可以给出合理的等效静力风荷载用于结构设计。在 150~220 m 范围内，等效静力风荷载有突变，主要是因为该区域内建筑层高是 150 m 以下部分的两倍，风压作用面积的突然增大导致风荷载作用力突然增大。

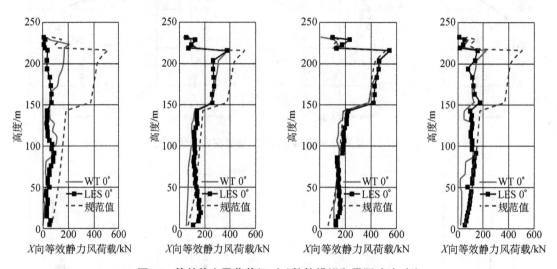

图 25　等效静力风荷载（X 向）数值模拟和风洞试验对比

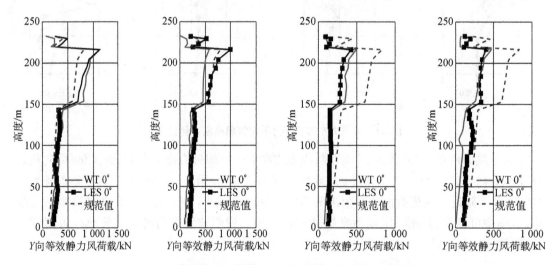

图 26　等效静力风荷载（Y 向）数值模拟和风洞试验对比

5.5　小结

本节采用大涡模拟方法和随机振动频域方法，对超高层建筑进行了非定常风压预测和风振响应分析：大涡模拟计算所得的风场统计值和功率谱密度与理论公式一致，满足工程精度要求；模拟计算层风力系数与风洞试验结果基本一致，说明 LES 可以正确预测建筑表面风压分布;通过频域法计算得到的等效静力风荷载与风洞试验结果基本一致,该方法计算量小、精度高,适合工程设计使用。

6 结论

本文以两个超高层电梯测试塔项目为背景,探索了计算流体力学技术在设计中的相关应用,可以得出以下结论:

(1)基于 RANS 方法,可对建筑结构表面平均风荷载进行有效的模拟;

(2)结合 CFD 动网格技术,可对高速运行的电梯轿厢进行高效的模拟优化;

(3)通过与风洞试验数据对比,表明大涡模拟可准确模拟计算建筑表面风压分布和风振响应;

(4)相对于风洞试验,CFD 对建筑模型的简化较少,可以有效避免由缩尺比、测点布置、同步测试、雷诺数和阻塞率等因素带来的系统误差,可对风洞试验起到很好的补充。

参考文献

[1] 中华人民共和国住房和城乡建设部.JGJ/T 338—2014 建筑工程风洞试验方法标准[S].北京:中国建筑工业出版社,2014.

[2] 杨律磊,龚敏锋,路江龙,等.数值风洞在苏州中心"未来之翼"屋面设计中的应用[J].建筑结构,2015,45(14):65-71.

[3] 龚敏锋,杨律磊,朱寻焱.绵竹市体育场风荷载和风环境数值模拟分析[J].结构工程师,2015,31(1):92-98.

[4] 中华人民共和国住房和城乡建设部.GB 50009—2012 建筑结构荷载规范[S].北京:中国建筑工业出版社,2012.

[5] Architectural Institute of Japan.Structural Design Concepts for Earthquake and Wind[S],1999.

[6] 杨律磊,王轶翔,龚敏锋.基于大涡模拟的超高层建筑风振响应分析[J].建筑结构,2016,46(20):16-21.

[7] 彪仿俊.建筑物表面风荷载的数值模拟研究[D].杭州:浙江大学,2005.

[8] 同济大学土木工程防灾国家重点实验室.通力电梯昆山测试塔表面风压分布风洞试验及风振响应分析[R].上海:同济大学,2012.

[9] 黄本才,汪丛军.结构抗风分析原理及应用[M].上海:同济大学出版社,2008.

登陆台风边界层湍流特征观测分析

明 杰[1]

(1. 南京大学 大气科学学院中尺度灾害性天气教育部重点实验室,江苏南京 210023)

摘 要：本研究利用两个登陆台风的铁塔高频观测资料,分析了湍流输送过程中动量通量、湍流动能、拖曳系数和耗散热能等变量在不同粗糙度背景下的变化特征,对比了计算耗散热能的不同方法,探讨了在数值模式中耗散热能对登陆热带气旋模拟的可能影响。研究发现在热带气旋登陆过程中,动量通量、湍流动能和耗散热能都是随着风速的增大而增大的。在对比了两个铁塔的粗糙度后,发现观测台风"灿都"(2010)的铁塔位于粗糙度更大的背景环境中,以上湍流输送的变量在粗糙度较大的环境中增大得更快一些;并且对比了两种计算耗散热能的方法,发现基于表面层理论的方法相比于标准湍谱的方法明显高估。结果表明,在热带气旋登陆过程中的耗散热能的量级已经达到了之前在海上观测到的感热通量的量级,在数值模式中耗散热能的贡献是不可忽视的。

关键词：登陆台风;动量通量;湍流动能;耗散热能;粗糙度

1 引言

众所周知,边界层在台风的生成和发展中起到举足轻重的作用,这是由于海洋、陆地与TC的热量、动量和水汽交换是台风发展和维持的重要因素,而它们都是在边界层内完成的[1-2]。与此同时,随着高分辨率模式的发展和改善 TC 强度预报的需要,对 TC 边界层结构的进一步理解显得越发重要[3-4]。由于观测资料的缺乏,在西北太平洋海域对于登陆热带气旋的湍流输送过程的观测研究非常稀少。本研究利用沿海的两个气象铁塔得到的台风"黑格比"(2008)和"灿都"(2010)登陆期间的三维高频风速观测,分析了台风登陆过程中湍流输送过程的变化特征。本研究的目的是为了研究不同粗糙度背景下,各个湍流参数(动量通量、湍流动能、耗散热能和拖曳系数等)的不同变化特征。

2 资料与方法

台风登陆期间的观测数据是由两个气象铁塔观测得来的。铁塔 1 位于东经 111.374°,北纬 21.439°,是在一个距离海岸线 4 km 左右的小岛上,由于岛的面积很小周围近似于潜水条件,在台风"黑格比"(2008)登陆时位于路径的右侧[图 1(a)、(b)]。铁塔 2 位于东经110.506°,北纬 21.439°,是在与大陆接壤的东海岛上,周围的下垫面是农田、树林和居民居住区,在台风"灿都"(2010)登陆时同样位于路径的右侧[图1(c)、(d)]。两个铁塔都是100 m高度分别在60 m(塔1)和70 m(塔2)安装了超声风速仪,观测频率为10 Hz。在计算前,利用谱分析对数据进行质量控制。之后按照公式分别计算了两个台风登陆过程中的动量通量、湍流动能、耗散热能、拖曳系数及粗糙度等参数。

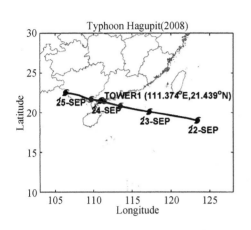

（a）塔1的位置和台风"黑格比"(2008)的路径

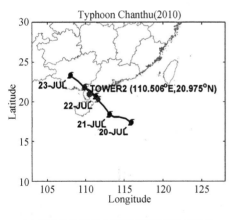

（c）塔2的位置和台风"灿都"(2010)的路径

（b）塔1周围的下垫面情况

（d）塔2周围下垫面的情况

图1

通常情况下,动量通量可以直接由以下公式计算得到:

$$\boldsymbol{\tau} = -\rho(\overline{u'w'}\boldsymbol{i} + \overline{v'w'}\boldsymbol{j}) \tag{1}$$

其中u',v',w'代表湍流的脉动,ρ为空气密度。而变量上方的横线则表示一段时间的平均值,在本文中为15 min。

并利用湍流脉动速度计算湍流动能(TKE),其形式如下,

$$e = \frac{1}{2}(\overline{u'^2} + \overline{v'^2} + \overline{w'^2}) \tag{2}$$

同时,动量通量还可以表示另外一种形式:

$$\tau = \rho u_*^2 = \rho C_D U^2 \tag{3}$$

其中 u_* 是摩擦速度，U 观测高度的水平风速，C_D 是拖曳系数。

粗糙度可以由以下公式计算：

$$z_0 = z \mathrm{e}^{\left(-\frac{kU}{u_*}\right)} \tag{4}$$

拖曳系数可以表示为：

$$C_D = \frac{u_*^2}{U^2} \tag{5}$$

耗散热能根据 Bister 和 Emanuel[5] 的方法可以表示为

$$DH = \rho C_D U^3 \tag{6}$$

而基于标准谱方法可以表示为：

$$DH = \rho \int_0^z \varepsilon \, \mathrm{d}z = \rho \bar{\varepsilon} z \tag{7}$$

其中 ε 是耗散率，可以表示为：

$$\varepsilon = \alpha_u^{-\frac{3}{2}} \frac{2\pi f}{U} \left[f S_{uu}(f) \right]^{\frac{3}{2}} \tag{8}$$

式中 α_u 是常数等于 0.5，f 是频率，S_{uu} 是风速 U 分量频谱。

3　结果分析

先来看动量通量和湍流动能随风速的变化（图 2 和图 3）。在台风"黑格比"中，当风速小于 25 m/s 的时候，动量通量是随着风速增加而增加的，当风速大于 25 m/s 之后表现出饱和的现象。而在台风"灿都"中则是随风速一直增加，在大于 25 m/s 的时候也是随着风速增加的。在风速一定的情况下，动量通量在"灿都"中明显大于"黑格比"中。在风速小于 25 m/s 的时候，动量通量增长明显要快于"黑格比"。湍流动能则有不同的特征，两个台风中都是随着风速的增大而增大。与动量通量相似的就是在"黑格比"中增大的速率会慢一些。这些不同有可能是环境下垫面的不同所造成的。

接下来我们来看粗糙度及拖曳系数的变化（图 4 和图 5），"黑格比"中的铁塔 1 位于一个小岛上，周围的浅水环绕，而"灿都"中的铁塔 2 位于与大陆接壤的东海岛上，周围是农田和树林。它们的粗糙度存在着明显的不同，铁塔 2 的粗糙度明显大于铁塔 1，并且大一个量级，而铁塔 1 的粗糙度很小。同时"灿都"的拖曳系数明显要大于"黑格比"的，这主要是由于粗糙度的不同所造成的。"黑格比"中的拖曳系数的变化特征与开阔海洋上的结果比较类似，在风速较大的时候拖曳系数表现出有饱和的现象。

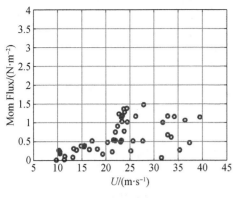

（a）台风"黑格比"（2008）

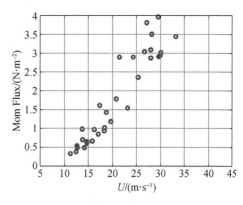

（b）台风"灿都"（2010）

图 2　动量通量随风速的变化

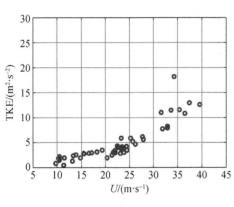

（a）台风"黑格比"（2008）

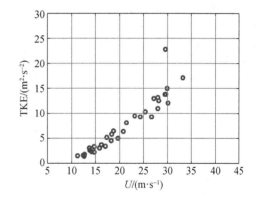

（b）台风"灿都"（2010）

图 3　湍流动能随风速的变化

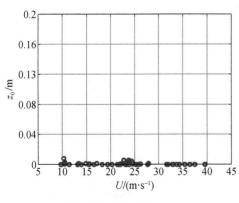

（a）台风"黑格比"（2008）

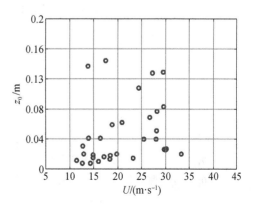

（b）台风"灿都"（2010）

图 4　粗糙度随风速的变化

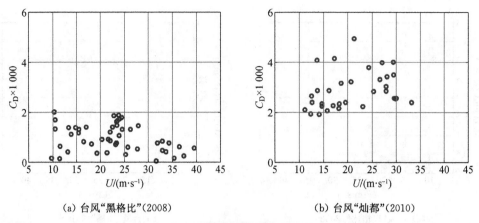

(a) 台风"黑格比"(2008)　　　　　　　(b) 台风"灿都"(2010)

图5　拖曳系数随风速的变化

接下来我们看表面理论法计算的耗散热能的变化特征(图6)，与动量通量的变化特征类似，台风"黑格比"中在大于 25 m/s 后有一个饱和的过程，而在"灿都"中则是继续增大。在小于 25 m/s 的时候在两个台风中耗散热能都有随着风速增加而增加的特征，并在"灿都"中增加得更快一些。并且耗散热能的量级也在台风"灿都"中，也就是粗糙度较大的环境中更大，在风速大于 25 m/s 的时候，量级接近"黑格比"中的两倍。

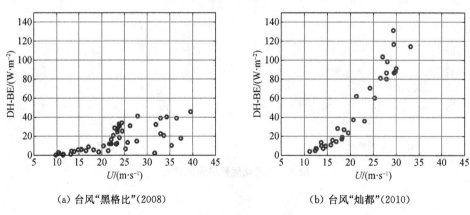

(a) 台风"黑格比"(2008)　　　　　　　(b) 台风"灿都"(2010)

图6　BE 方法计算的 *DH* 随风速的变化

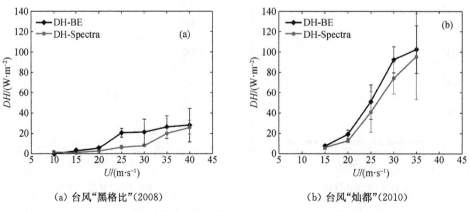

(a) 台风"黑格比"(2008)　　　　　　　(b) 台风"灿都"(2010)

图7　BE 方法和标准谱方法计算的区间平均的 *DH* 随风速的变化

接下来我们比较这两种计算方法,先看区间平均的对比(图7)。BE 方法计算的 DH 在两个台风中大于湍谱方法计算的耗散热能。在台风"黑格比"中,BE 方法计算耗散热能在风速小于 25 m/s 的时候随风速缓慢增加,大于 25 m/s 之后不再增加;而湍谱方法则是整个区间都在缓慢增加。在"灿都"中,两种方法计算的结果就更加的接近,都表现出同样的随风速增大而增大的特征。比较散点图可以发现(图8),在两个台风中 BE 方法都有高估耗散热能,特别是在粗糙度小的环境中,就是台风"黑格比"中,高估更多一些。结果表明两种方法计算耗散热能的不同,在台风越接近陆地也就是粗糙度越大的时候,这个不同就越小。

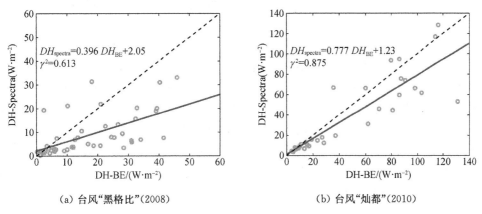

(a) 台风"黑格比"(2008)   (b) 台风"灿都"(2010)

图 8　BE 方法和标准谱方法计算的 DH 的对比

注:图中虚线代表 1∶1;实线代表两种方法的回归曲线;线性方程和相关系数也显示在图中

4　结论

本研究利用两个登陆台风的铁塔高频观测资料,分析了湍流输送过程中动量通量、湍流动能、拖曳系数和耗散热能等变量在不同粗糙度背景下的变化特征,对比了计算耗散热能的不同方法,探讨了在数值模式中耗散热能对登陆热带气旋模拟的可能影响,为提高登陆热带气旋数值预报的准确率提供了参考。

参考文献

［1］Emanuel K A. An air-sea interaction theory for tropical cyclones. part I: steady-state maintenance[J]. J. Atmos. Sci, 1986, 43: 585-605.

［2］Ooyama K V. Numerical simulation of the life cycle of tropical cyclones[J]. J. Atmos. Sci, 1969, 26: 3-40.

［3］Marks F D, Shay L K. Landfalling Tropical Cyclones: Forecast problems and associated research opportunities[J]. Bull. Amer. Meteorol. Soc., 1998, 79: 305-323.

［4］Rogers R F, et al. The intensity forecasting experiment: a NOAA multiyear field program for improving tropical cyclone intensity forecasts[J]. Bull. Amer. Meteor. Soc., 2006, 87: 1523-1537.

［5］Bister M, Emanuel K A. Dissipative heating and hurricane intensity[J]. Meteorology and Atmospheric Physics, 1998, 65: 233-240.

考虑屋盖振动影响的大跨曲面屋盖结构风荷载研究

丁　威[1]，常鸿飞[1]

（1 中国矿业大学力学与土木工程学院，江苏徐州 221116）

摘　要：大跨曲面屋盖结构在风荷载作用下易发生振动变形，这种振动变形反过来也会影响屋盖表面风压的分布，形成风与屋盖结构相互作用的机制，产生所谓的"流固耦合"效应。这种流固耦合作用有可能会导致结构的气弹失稳。因此，有必要对屋盖振动对屋盖表面风压分布的影响以及风与屋盖结构相互作用的机理进行研究。本文采用风洞试验研究屋盖变形对屋盖表面风压分布的影响，强迫曲面屋盖模型按照反对称一阶振型振动，研究不同模型矢跨比、风速、强迫振动振幅和频率条件下屋盖表面的平均风压系数和脉动风压系数的分布规律，从而探讨屋盖振动对大跨曲面屋盖结构风荷载的影响规律。

关键词：大跨曲面屋盖；强迫振动试验；屋盖振动；风荷载

1　引言

大跨屋盖一般质量轻、刚度小，在风荷载作用下容易发生变形和振动，这种变形和振动反过来也会影响屋盖表面风压的分布，形成风与屋盖相互作用的机制，产生所谓的"流固耦合"效应。这种流固耦合作用有可能会导致结构的气弹失稳。因此，有必要对屋盖振动对屋盖表面风压分布的影响以及风与屋盖结构相互作用的机理进行研究。国内外一些学者对此做了一些先前研究，比如 Daw 和 Davenport[1]采用强迫振动的试验方法研究了紊流度、风速、振动频率和振幅等因素对半球形屋盖（Semi-circular Roof）结构的气动刚度和气动阻尼的影响。杨庆山等[2-3]对于索膜结构的流固耦合效应通过风洞试验和数值模拟的方法，研究了气动阻尼和附加质量对风振响应的影响。武岳等[4-5]通过风洞试验和数值模拟的方法研究了封闭张拉膜结构发生气弹失稳的机理。Uematsu[6]等学者通过单向悬挂屋盖（One-way Type of Suspended Roof）的气弹模型风洞试验分析了流固耦合效应对结构风致动力响应的机理。Ohkuma[7]等学者采用强迫振动的试验方法探讨了大跨度平屋盖（Long-span Flat Roof）在风荷载作用下产生气弹失稳的机理。但是目前对于普遍采用的大跨度曲面屋盖的流固耦合效应对结构的风荷载和风振响应的研究相对较少，风与屋盖相互作用机理尚不清晰。因此有必要对屋盖振动对屋盖表面风压分布的影响以及风与屋盖结构相互作用的机理进行研究。

本文采用风洞试验研究屋盖振动对屋盖表面风压分布的影响，强迫模型按照反对称一阶振型振动,研究不同模型矢跨比、风速、强迫振动振幅和频率条件下屋盖表面的平均风压系数和脉动风压系数的分布规律,从而探讨屋盖振动对大跨曲面屋盖结构风荷载的影响规律。

2 风洞试验概况

风洞试验在日本东北大学风洞中进行,工作段长度为 6.5 m,横截面为 1.0 m×1.4 m。通过在风洞中放置尖劈和粗糙元的方法模拟自然风,平均风速剖面和紊流度分布如图 1 所示,参考风速高度 $Z_G = 500$ mm。

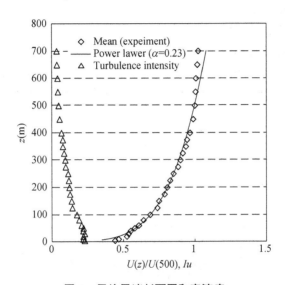

图 1 平均风速剖面图和紊流度

试验模型采用 0.8 mm 厚的聚酯薄膜制作而成,如图 2 所示。模型的几何尺寸如图 3 所示,模型跨度为 400 mm,矢跨比分别为 0.15 和 0.20。强迫振动装置放置在模型底部,如图 4 所示,强迫模型按照反对称一阶振型振动,沿着模型法向方向的强迫振动振幅为 x_0。模型两端放置了端板,模拟二维流场。在模型表面中心线位置布置 12 个测压点,如图 4 所示,在模型振动的同时测得模型表面的风压,采样频率为 500 Hz,采样时间为 60 s。表 1 为风洞试验的参数设置。

图 2 风洞试验模型示意图

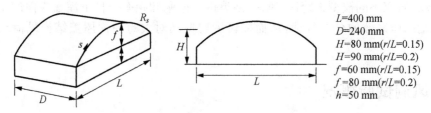

L=400 mm
D=240 mm
H=80 mm(r/L=0.15)
H=90 mm(r/L=0.2)
f=60 mm(r/L=0.15)
f=80 mm(r/L=0.2)
h=50 mm

图3 风洞试验模型几何尺寸

表1 风洞试验参数

矢跨比 r/L	0.15，0.20
风速 U_H/(m·s^{-1})	5.0，7.0，10.0
强迫振动振幅 x_0/mm	1.0，2.5，4.0
强迫振动频率 f_m/Hz	5～25 Hz，间隔 1 Hz

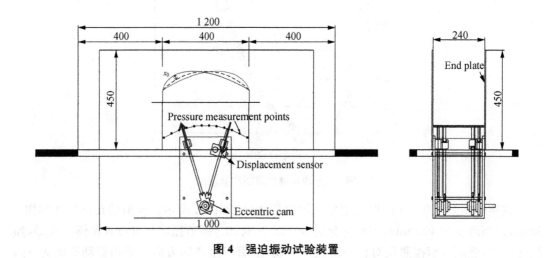

图4 强迫振动试验装置

3 风洞试验结果分析

3.1 风压系数特性

屋盖模型表面测压点 i 的风压系数 C_{pi} 是由屋盖平均高度 H（见图3）处为参考点计算而得。图5和图6表示不同矢跨比 r/L，风速 U_H，强迫振动振幅 x_0 和强迫振动频率 f_m 条件下曲面屋盖模型表面平均风压系数 C_{pmean} 的分布曲线。从图中可以看出，在试验范围内，风速、强迫振动振幅和频率对平均风压系数 C_{pmean} 的影响较小；屋盖的矢跨比对平均风压系数 C_{pmean} 产生一定影响，矢跨比为 0.20 模型顶部的平均风压系数绝对值大于矢跨比为 0.15 模型顶部的平均风压系数绝对值，即屋盖顶部的负压随矢跨比的增大而增大。这可能是由于屋盖矢跨比的增加使得屋盖顶部的风速增加，导致屋盖顶部的吸力增大。

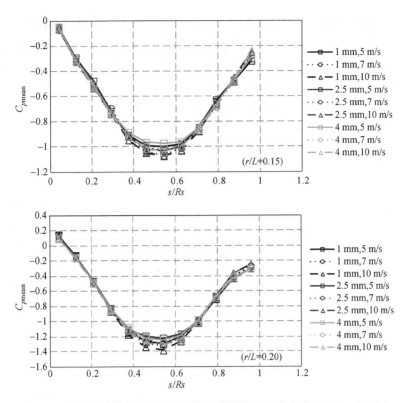

图5 平均风压系数在不同风速和振动振幅条件下分布曲线($f_m = 10$ Hz)

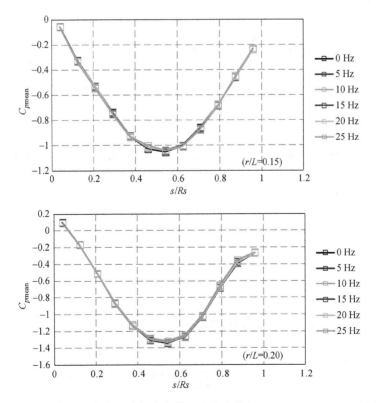

图6 平均风压系数在振动频率条件下分布曲线($x_0 = 4$ mm, $U_H = 10$ m/s)

图 7 和图 8 表示不同矢跨比 r/L,风速 U_H,强迫振动振幅 x_0 和强迫振动频率 f_m 条件下曲面屋盖模型表面脉动风压系数 C_{prms} 的分布曲线。从图中可以看出,脉动风压系数 C_{prms} 随强迫振动振幅和强迫振动频率的增加而增加。这可能是由于振动振幅和频率的增加使得屋盖变形的速度增加,导致屋盖表面的脉动风压增大。另一方面,随着来流风速的增大而脉动风压系数有所减小,并且强迫振动振幅越大,减小的幅度越大。

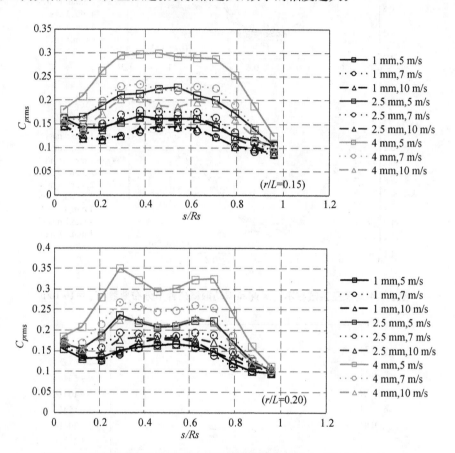

图 7　脉动风压系数在不同风速和振幅条件下分布曲线($f_m = 10$ Hz)

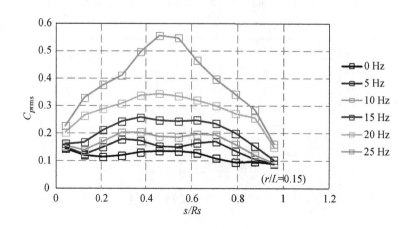

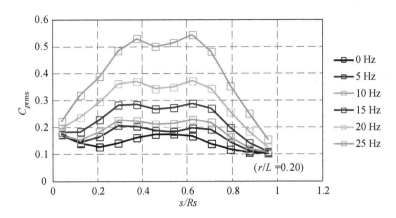

图8　脉动风压系数在振动频率条件下分布曲线($x_0=4$ mm, $U_H=10$ m/s)

4　结论

采用强迫振动风洞试验的方法研究了屋盖振动对屋盖表面风压分布的影响,在试验范围内,风速、强迫振动振幅和频率对平均风压系数 $C_{p\text{mean}}$ 的影响较小。脉动风压系数 $C_{p\text{rms}}$ 随强迫振动振幅和频率的增加而增加。

参考文献

［1］Daw D J, Davenport A G. Aerodynamic damping and stiffness of a semi-circular roof in turbulent wind [J]. J. Wind Eng. Ind. Aerodyn., 1989,32(1-2): 83-92.

［2］杨庆山,王基省,朱伟良.薄膜结构与空气环境静力耦合作用的试验研究[J].土木工程学报,2008,41(5):19-25.

［3］Yang Q S, Wu Y, Zhu W L. Experimental study on interaction between membrane structures and wind environment[J]. Earthq. Eng. Vib., 2010,9(4): 523-532.

［4］Wu Y, Chen Z Q, Sun X Y. Research on the wind-induced aero-elastic response of closed-type saddle-shaped tensioned membrane models[J]. Journal of Zhejiang University-SCIENCE A, 2015, 16(8): 656-668.

［5］陈昭庆,武岳,孙晓颖.封闭式张拉膜结构气弹失稳机理研究[J].建筑结构学报,2015,36(3):12-18.

［6］Uematsu Y, Uchiyama K. Wind-induced dynamic behaviour of suspended roofs[J]. The Technology Reports of the Tohoku University, 1982,47: 243-261.

［7］Ohkuma T, Marukawa H. Mechanism of aeroelastically unstable vibration of large span roof[J]. J. of Wind Engineering, 1990,42: 35-42.

弯扭复合运动下的桥梁非线性自激气动力

张文明[1]，刘凯旋[1]，惠　卓[1]

（1.东南大学土木工程学院，江苏南京 211189）

摘　要：非线性自激力及其引起的非线性振动是为适应桥梁长大化发展而亟待研究的问题，而前者是后者的研究基础。本文以南京长江四桥断面为例，对弯扭复合强迫振动下的典型流线型箱梁断面气动力进行了 CFD 计算，并对气动力时程进行了 FFT 分析，从频谱中观察到了扭转、竖弯运动频率的前三倍频率和扭转、竖弯运动频率的线性组合频率，基于此现象提出了包含上述多个显著频率成分的三角函数形式的非线性自激力表达式，并进行了表达式推导。最后在 CFD 软件中进行了模型拟合精度验证，结果表明，此非线性自激力表达式相较于仅含倍频项的自激力表达式，具有更高的精度和良好的实用性。

关键词：颤振；自激力；非线性；倍频现象；频率耦合

1　引言

为了比较准确和方便地研究桥梁颤振问题，1971 年 Scanlan 教授在"线性化假定"和"攻角不变假定"的基础上提出了一种非定常自激力模型[1]。经过桥梁工程界几十年的实践检验，Scanlan 线性自激力模型已被证明可以解决以往桥梁抗风设计中的大部分颤振问题[2]。

然而，由于桥梁断面的钝体特性，自激力不可避免地存在非线性特性，即桥梁断面自激力本质上是非线性的。20 世纪 90 年代，Falco 等[3]针对墨西拿海峡大桥的前期研究项目，做了一系列风洞试验，在试验断面的气动力中发现了二次和三次谐波为主的高次谐波分量。Diana 等[4-5]用强迫振动法在风洞试验中测试了墨西拿海峡大桥主梁模型气动力，发现了气动力对瞬时风攻角的迟滞特性。湖南大学陈政清等[6]在用强迫振动法识别颤振导数的研究中，发现了显著的高次谐波分量，并且对于钝体截面高次谐波分量所占比例已接近20％。近些年国内外学者在风洞试验中观察到的软颤振现象[7-11]也说明了非线性效应不可忽略。这些在风洞试验中发现的振动现象均无法用经典的线性自激力模型解释。因此有必要开展桥梁断面非线性气动力研究。目前关于非线性自激力的测试多采用强迫振动[4-5, 12]或自由振动[13-14]的风洞试验，而笔者前期研究表明，CFD 方法也是研究非线性自激力的有效手段[15]。

在传统的颤振自激力气动参数识别中，常分状态进行单自由度扭转、竖弯强迫振动试验,分别识别与扭转运动 α、$\dot{\alpha}$ 相关的气动参数项和与竖弯运动 h、$\dot{h}$ 相关的气动参数项,且假设弯扭复合运动的气动力等于两种单自由度运动状态下气动力的叠加。而事实上,弯扭复合运动的自激力是运动状态的非线性函数,不满足叠加原理,且单纯叠加的结果与实际气动力之间存在不可忽视的误差。因此本文在 CFD 计算的基础上,基于倍频现象和频率耦合现象提出非线性自激力表达式,在弯扭复合运动中一次性识别所有气动参数并验证了精度。

2 气动力的倍频特征与频率耦合现象

2.1 CFD 计算

利用典型的扁平流线型钢箱梁断面——南京长江四桥断面按 1∶50 缩尺比建模,进行 CFD 分析,CFD 断面如图 1 所示。

CFD 湍流模型为带标准壁面函数的 $k\text{-}\varepsilon$ 模型,计算域左侧为 20 m/s 风速入口边界,湍流度为 5%;右侧为零压力出口边界;上下侧为对称边界。断面中心到上下边界距离均为 2 m,到风速入口边界距离为 3 m,到压力出口边界距离为 6 m。在软件 Hypermesh 中完成网格划分,近壁面第一层网格高度为 1.6 mm,保持 $y+$ 值在 30 左右。为保证网格不过度畸变,采用多变形子区域动网格方法,近壁边界层为随断面一同运动的刚性区域,外侧同心子区域的刚性变形随距断面距离的增加而递减,实现刚性运动变形在各子区域的层层扩散,如图 2 所示。

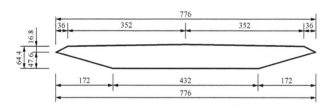

图 1　南京长江四桥主梁 CFD 模型断面(单位:mm)　　　图 2　CFD 计算域及网格划分示意图

采用 Fluent 17.0 软件进行 CFD 计算,使断面做弯扭复合强迫振动,竖弯强迫振动幅值为 0.08 m,频率 $f_h=1.289$ Hz;扭转强迫振动幅值为 10°,频率 $f_\alpha=1.4f_h=1.804$ Hz,记录若干个周期内断面所受气动升力、阻力及升力矩。

2.2 倍频现象与频率耦合现象

在此 CFD 试验中采集的气动力经 FFT 变换,得气动升力及升力矩频谱如图 3、图 4 所示。从上述频谱中可以显著地观测到 f_α、f_h 基频成分及基频的二倍、三倍频率成分,同时,$(f_\alpha-f_h)$、$(f_\alpha+f_h)$、$(2f_\alpha-f_h)$、$(2f_\alpha+f_h)$、$(2f_h-f_\alpha)$、$(2f_h+f_\alpha)$ 等频率成分的幅值也较大,这些频率成分即为气动力的弯扭耦合项。

弯扭复合运动下,竖弯与扭转的前三倍频率成分在气动力幅值占比中达 83.7%,上述弯扭耦合项幅值占比为 12.7%。因此将非线性自激气动力表示成前三倍频率项及上述弯扭耦合项的三角级数叠加的形式,具有一定的合理性。

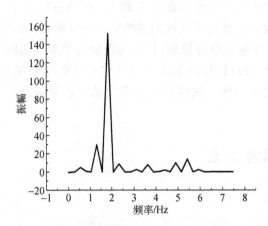

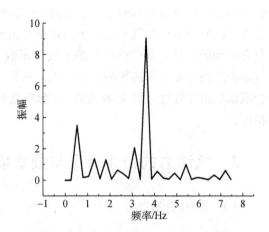

图 3　弯扭复合运动气动升力频谱图　　　　　图 4　弯扭复合运动气动升力矩频谱图

3　非线性自激力模型

因前三倍频率项及上述弯扭耦合项的幅值占非线性气动力总幅值的 97% 以上，仅取这些分项已能足够精确地描述弯扭不同频的非线性气动力，故下文取竖弯和扭转前三倍频率项及上述弯扭耦合项来推导自激力表达式。

考虑三角级数形式的非线性自激力模型，倍频项即 $\cos(k\omega_a t)$、$\sin(k\omega_a t)$ 与 $\cos(k\omega_h t)$、$\sin(k\omega_h t)$（$k=1, 2, 3, \cdots, n$），弯扭耦合项即 $\cos(\omega_a \pm \omega_h)t$、$\sin(\omega_a \pm \omega_h)t$、$\cos(2\omega_a \pm \omega_h)t$、$\sin(2\omega_a \pm \omega_h)t$、$\cos(2\omega_h \pm \omega_a)t$、$\sin(2\omega_h \pm \omega_a)t$ 等，以升力为例，非线性自激力表达式如下：

$$
\begin{aligned}
L_{se} &= L_{se}^a + L_{se}^h + L_{se}^{ah} + L_{se}^{aah} + L_{se}^{ahh} \\
&= \frac{1}{2}\rho U^2 B\{[(H_a^1 \cos \omega_a t + H_a^2 \cos 2\omega_a t + H_a^3 \cos 3\omega_a t) \\
&\quad + (H_a^1 \sin \omega_a t + H_a^2 \sin 2\omega_a t + H_a^3 \sin 3\omega_a t)] \\
&\quad + [(H_h^1 \cos \omega_h t + H_h^2 \cos 2\omega_h t + H_h^3 \cos 3\omega_h t) \\
&\quad + (H_h^1 \sin \omega_h t + H_h^2 \sin 2\omega_h t + H_h^3 \sin 3\omega_h t)] \\
&\quad + [H_{ah} \cos(\omega_a \pm \omega_h)t + H_{ah}' \sin(\omega_a \pm \omega_h)t] \\
&\quad + [H_{aah} \cos(2\omega_a \pm \omega_h)t + H_{aah}' \sin(2\omega_a \pm \omega_h)t] \\
&\quad + [H_{ahh} \cos(2\omega_h \pm \omega_a)t + H_{ahh}' \sin(2\omega_h \pm \omega_a)t]\}
\end{aligned}
\tag{1}
$$

式中第一个等号后各 L_{se} 的上标 a、h 表示仅含 ω_a 或 ω_h 的倍频项，上标 ah、aah、ahh 分别表示含 $\omega_a \pm \omega_h$、$2\omega_a \pm \omega_h$、$2\omega_h \pm \omega_a$ 频率的耦合项。第二个等号后 H_a、H_{ah} 等气动参数的下标含义同理，气动参数上标的数字表示倍频项阶次，撇号用来区分耦合项的正弦和余弦。

自激升力中与扭转运动相关项：

$$L_{\mathrm{se}}^{\alpha} = \frac{1}{2}\rho U^2 B\big[(H_{\dot{\alpha}}^1 - 3H_{\dot{\alpha}}^3)\cos\omega_a t + H_{\dot{\alpha}}^2 \cos^2\omega_a t + 4H_{\dot{\alpha}}^3 \cos^3\omega_a t$$
$$+ (H_{\alpha}^1 + 3H_{\alpha}^3)\sin\omega_a t - H_{\alpha}^2 \sin^2\omega_a t + 2H_{\alpha}^2 \sin\omega_a t\cos\omega_a t - 4H_{\alpha}^3 \sin^3\omega_a t\big] \quad (2)$$

代入三角函数倍角公式进行化简:

$$\cos 2\omega t = \cos^2\omega t - \sin^2\omega t \quad (3)$$

$$\cos 3\omega t = 4\cos^3\omega t - 3\cos\omega t \quad (4)$$

$$\sin 2\omega t = 2\sin\omega t\cos\omega t \quad (5)$$

$$\sin 3\omega t = 3\sin\omega t - 4\sin^3\omega t \quad (6)$$

可得如下表达式:

$$L_{\mathrm{se}}^{\alpha} = \frac{1}{2}\rho U^2 B\big[(H_{\dot{\alpha}}^1 - 3H_{\dot{\alpha}}^3)\cos\omega_a t + H_{\dot{\alpha}}^2 \cos^2\omega_a t + 4H_{\dot{\alpha}}^3 \cos^3\omega_a t$$
$$+ (H_{\alpha}^1 + 3H_{\alpha}^3)\sin\omega_a t - H_{\dot{\alpha}}^2 \sin^2\omega_a t + 2H_{\alpha}^2 \sin\omega_a t\cos\omega_a t - 4H_{\alpha}^3 \sin^3\omega_a t\big] \quad (7)$$

将 $\alpha = \alpha_0 \sin(\omega_a t)$、$\dot{\alpha} = \alpha_0 \omega_a \cos(\omega_a t)$ 及 $K_a = \dfrac{\omega_a B}{U}$ 代入表达式中消去 $\sin\omega_a t$、$\cos\omega_a t$,整理并化简后得到:

$$L_{\mathrm{se}}^{\alpha} = \frac{1}{2}\rho U^2 B\Big[K_a H_{\alpha}^{1\#}\frac{B\dot{\alpha}}{U} + K_a^2 H_{\alpha}^{2\#}\frac{B^2\dot{\alpha}^2}{U^2} + K_a^3 H_{\alpha}^{3\#}\frac{B^3\dot{\alpha}^3}{U^3} + K_a^3 H_{\alpha}^{4\#}\frac{B\dot{\alpha}\alpha}{U}$$
$$+ K_a^2 H_{\alpha}^{5\#}\alpha + K_a^4 H_{\alpha}^{6\#}\alpha^2 + K_a^6 H_{\alpha}^{7\#}\alpha^3\Big] \quad (8)$$

式中:$H_{\alpha}^{i\#}$ 表示自激升力表达式中与扭转运动相关的第 i 项的气动参数。

$$H_{\alpha}^{1\#} = \frac{H_{\dot{\alpha}}^1 - 3H_{\dot{\alpha}}^3}{K_a^2\alpha_0}, \quad H_{\alpha}^{2\#} = \frac{H_{\dot{\alpha}}^2}{K_a^4\alpha_0^2}, \quad H_{\alpha}^{3\#} = \frac{4H_{\dot{\alpha}}^3}{K_a^6\alpha_0^3}, \quad H_{\alpha}^{4\#} = \frac{2H_{\alpha}^2}{K_a^4\alpha_0^2},$$

$$H_{\alpha}^{5\#} = \frac{H_{\alpha}^1 + 3H_{\alpha}^3}{K_a^2\alpha_0}, \quad H_{\alpha}^{6\#} = -\frac{H_{\dot{\alpha}}^2}{K_a^4\alpha_0^2}, \quad H_{\alpha}^{7\#} = -\frac{4H_{\alpha}^3}{K_a^6\alpha_0^3}$$

同理,可推导出自激升力中仅与竖弯运动相关项:

$$L_{\mathrm{se}}^{h} = \frac{1}{2}\rho U^2 B\Big[K_h H_h^{1\#}\frac{\dot{h}}{U} + K_h^2 H_h^{2\#}\frac{\dot{h}^2}{U^2} + K_h^3 H_h^{3\#}\frac{\dot{h}^3}{U^3} + K_h^3 H_h^{4\#}\frac{\dot{h}h}{UB}$$
$$+ K_h^2 H_h^{5\#}\frac{h}{B} + K_h^4 H_h^{6\#}\frac{h^2}{B^2} + K_h^6 H_h^{7\#}\frac{h^3}{B^3}\Big] \quad (9)$$

式中:$H_h^{i\#}$ 表示自激升力表达式中与竖弯运动相关的第 i 项的气动参数。

$$H_h^{1\#} = \frac{(H_{\dot{h}}^1 - 3H_{\dot{h}}^3)B}{K_h^2 h_0}, \quad H_h^{2\#} = \frac{H_{\dot{h}}^2 B^2}{K_h^4 h_0^2}, \quad H_h^{3\#} = \frac{4H_{\dot{h}}^3 B^3}{K_h^6 h_0^3}, \quad H_h^{4\#} = \frac{2H_{\dot{h}}^2 B^2}{K_h^4 h_0^2},$$

$$H_h^{5\#} = \frac{(H_h^1 + 3H_h^3)B}{K_h^2 h_0}, \quad H_h^{6\#} = -\frac{H_{\dot{h}}^2 B^2}{K_h^4 h_0^2}, \quad H_h^{7\#} = -\frac{4H_h^3 B^3}{K_h^6 h_0^3}$$

同理，将三角函数倍角公式带入（$\omega_a \pm \omega_h$）项、（$2\omega_a \pm \omega_h$）项和（$2\omega_h \pm \omega_a$）项中进行化简合并，分别可得：

$$L_{se}^{ah} = \frac{1}{2}\rho U^2 B \left[K_a K_h H_{ah}^{1\#} \frac{B\dot{\alpha}\dot{h}}{U^2} + K_a^2 K_h^2 H_{ah}^{2\#} \frac{\alpha h}{B} + K_a^2 K_h H_{ah}^{3\#} \frac{\alpha\dot{h}}{U^2} + K_a K_h^2 H_{ah}^{4\#} \frac{\dot{\alpha}h}{U} \right] \tag{10}$$

$$L_{se}^{aah} = \frac{1}{2}\rho U^2 B \left[K_a^2 K_h H_{aah}^{1\#} \frac{B^2\dot{\alpha}^2\dot{h}}{U^3} + K_a^4 K_h H_{aah}^{2\#} \frac{\alpha^2\dot{h}}{U} + K_a^3 K_h^2 H_{aah}^{3\#} \frac{\alpha\dot{\alpha}h}{U} \right.$$
$$\left. + K_a^3 K_h H_{aah}^{4\#} \frac{B\alpha\dot{\alpha}\dot{h}}{U^2} + K_a^2 K_h^2 H_{aah}^{5\#} \frac{B\dot{\alpha}^2 h}{U^2} + K_a^4 K_h^2 H_{aah}^{6\#} \frac{\alpha^2 h}{B} \right] \tag{11}$$

$$L_{se}^{ahh} = \frac{1}{2}\rho U^2 B \left[K_h^2 K_a H_{ahh}^{1\#} \frac{B\dot{h}^2\dot{\alpha}}{U^3} + K_h^4 K_a H_{ahh}^{2\#} \frac{h^2\dot{\alpha}}{BU} + K_h^3 K_a^2 H_{ahh}^{3\#} \frac{h\dot{h}\alpha}{BU} \right.$$
$$\left. + K_h^3 K_a H_{ahh}^{4\#} \frac{h\dot{h}\dot{\alpha}}{U^2} + K_h^2 K_a^2 H_{ahh}^{5\#} \frac{\dot{h}^2\alpha}{U^2} + K_h^4 K_a^2 H_{ahh}^{6\#} \frac{h^2\alpha}{B^2} \right] \tag{12}$$

综合以上各个部分，即可得到考虑了倍频效应和频率耦合效应的非线性自激升力表达式：

$$L_{se} = L_{se}^{a} + L_{se}^{h} + L_{se}^{ah} + L_{se}^{aah} + L_{se}^{ahh}$$
$$= \frac{1}{2}\rho U^2 B \left\{ \left[K_a H_a^{1\#} \frac{B\dot{\alpha}}{U} + K_a^2 H_a^{2\#} \frac{B^2\dot{\alpha}^2}{U^2} + K_a^3 H_a^{3\#} \frac{B^3\dot{\alpha}^3}{U^3} + K_a^3 H_a^{4\#} \frac{B\dot{\alpha}\alpha}{U} + K_a^2 H_a^{5\#} \alpha \right. \right.$$
$$\left. + K_a^4 H_a^{6\#} \alpha^2 + K_a^6 H_a^{7\#} \alpha^3 \right]$$
$$+ \left[K_h H_h^{1\#} \frac{\dot{h}}{U} + K_h^2 H_h^{2\#} \frac{\dot{h}^2}{U^2} + K_h^3 H_h^{3\#} \frac{\dot{h}^3}{U^3} + K_h^3 H_h^{4\#} \frac{\dot{h}h}{UB} + K_h^2 H_h^{5\#} \frac{h}{B} \right.$$
$$\left. + K_h^4 H_h^{6\#} \frac{h^2}{B^2} + K_h^6 H_h^{7\#} \frac{h^3}{B^3} \right]$$
$$+ \left[K_a K_h H_{ah}^{1\#} \frac{B\dot{\alpha}\dot{h}}{U^2} + K_a^2 K_h^2 H_{ah}^{2\#} \frac{\alpha h}{B} + K_a^2 K_h H_{ah}^{3\#} \frac{\alpha\dot{h}}{U^2} + K_a K_h^2 H_{ah}^{4\#} \frac{\dot{\alpha}h}{U} \right]$$
$$+ \left[K_a^2 K_h H_{aah}^{1\#} \frac{B^2\dot{\alpha}^2\dot{h}}{U^3} + K_a^4 K_h H_{aah}^{2\#} \frac{\alpha^2\dot{h}}{U} + K_a^3 K_h^2 H_{aah}^{3\#} \frac{\alpha\dot{\alpha}h}{U} + K_a^3 K_h H_{aah}^{4\#} \frac{B\alpha\dot{\alpha}\dot{h}}{U^2} \right.$$
$$\left. + K_a^2 K_h^2 H_{aah}^{5\#} \frac{B\dot{\alpha}^2 h}{U^2} + K_a^4 K_h^2 H_{aah}^{6\#} \frac{\alpha^2 h}{B} \right]$$
$$+ \left[K_h^2 K_a H_{ahh}^{1\#} \frac{B\dot{h}^2\dot{\alpha}}{U^3} + K_h^4 K_a H_{ahh}^{2\#} \frac{h^2\dot{\alpha}}{BU} + K_h^3 K_a^2 H_{ahh}^{3\#} \frac{h\dot{h}\alpha}{BU} + K_h^3 K_a H_{ahh}^{4\#} \frac{h\dot{h}\dot{\alpha}}{U^2} \right.$$
$$\left. \left. + K_h^2 K_a^2 H_{ahh}^{5\#} \frac{\dot{h}^2\alpha}{U^2} + K_h^4 K_a^2 H_{ahh}^{6\#} \frac{h^2\alpha}{B^2} \right] \right\} \tag{13}$$

式中：$H_\alpha^{1\#} = \dfrac{H_\alpha^1 - 3H_\alpha^3}{K_\alpha^2 \alpha_0}$，$H_\alpha^{2\#} = \dfrac{H_{\dot{\alpha}}^2}{K_\alpha^4 \alpha_0^2}$，$H_\alpha^{3\#} = \dfrac{4H_{\dot{\alpha}}^3}{K_\alpha^6 \alpha_0^3}$，$H_\alpha^{4\#} = \dfrac{2H_{\dot{\alpha}}^2}{K_\alpha^4 \alpha_0^2}$，$H_\alpha^{5\#} = \dfrac{H_\alpha^1 + 3H_\alpha^3}{K_\alpha^2 \alpha_0}$，

$H_\alpha^{6\#} = -\dfrac{H_{\dot{\alpha}}^2}{K_\alpha^4 \alpha_0^2}$，$H_\alpha^{7\#} = -\dfrac{4H_\alpha^3}{K_\alpha^6 \alpha_0^3}$；

$H_h^{1\#} = \dfrac{(H_{\dot{h}}^1 - 3H_{\dot{h}}^3)B}{K_h^2 h_0}$，$H_h^{2\#} = \dfrac{H_{\dot{h}}^2 B^2}{K_h^4 h_0^2}$，$H_h^{3\#} = \dfrac{4H_{\dot{h}}^3 B^3}{K_h^6 h_0^3}$，$H_h^{4\#} = \dfrac{2H_{\dot{h}}^2 B^2}{K_h^4 h_0^2}$，

$H_h^{5\#} = \dfrac{(H_h^1 + 3H_h^3)B}{K_h^2 h_0}$，$H_h^{6\#} = -\dfrac{H_{\dot{h}}^2 B^2}{K_h^4 h_0^2}$，$H_h^{7\#} = -\dfrac{4H_h^3 B^3}{K_h^6 h_0^3}$；

$H_{\alpha h}^{1\#} = \dfrac{B(H_{\alpha h}^1 + H_{\alpha h}^3)}{\alpha_0 h_0 K_\alpha^2 K_h^2}$，$H_{\alpha h}^{2\#} = \dfrac{B(H_{\alpha h}^3 - H_{\alpha h}^1)}{\alpha_0 h_0 K_\alpha^2 K_h^2}$，$H_{\alpha h}^{3\#} = \dfrac{B(H_{\alpha h}^2 + H_{\alpha h}^4)}{\alpha_0 h_0 K_\alpha^2 K_h^2}$，

$H_{\alpha h}^{4\#} = \dfrac{B(H_{\alpha h}^2 - H_{\alpha h}^4)}{\alpha_0 h_0 K_\alpha^2 K_h^2}$；

$H_{\alpha\alpha h}^{1\#} = \dfrac{B(H_{\alpha\alpha h}^1 + H_{\alpha\alpha h}^3)}{\alpha_0^2 h_0 K_\alpha^4 K_h^2}$，$H_{\alpha\alpha h}^{2\#} = \dfrac{B(-H_{\alpha\alpha h}^1 - H_{\alpha\alpha h}^3)}{\alpha_0^2 h_0 K_\alpha^4 K_h^2}$，$H_{\alpha\alpha h}^{3\#} = \dfrac{B(2H_{\alpha\alpha h}^3 - 2H_{\alpha\alpha h}^1)}{\alpha_0^2 h_0 K_\alpha^4 K_h^2}$，

$H_{\alpha\alpha h}^{4\#} = \dfrac{B(2H_{\alpha\alpha h}^2 + 2H_{\alpha\alpha h}^4)}{\alpha_0^2 h_0 K_\alpha^4 K_h^2}$，$H_{\alpha\alpha h}^{5\#} = \dfrac{B(H_{\alpha\alpha h}^2 - H_{\alpha\alpha h}^4)}{\alpha_0^2 h_0 K_\alpha^4 K_h^2}$，$H_{\alpha\alpha h}^{6\#} = \dfrac{B(H_{\alpha\alpha h}^4 - H_{\alpha\alpha h}^2)}{\alpha_0^2 h_0 K_\alpha^4 K_h^2}$；

$H_{\alpha h h}^{1\#} = \dfrac{B^2(H_{\alpha h h}^1 + H_{\alpha h h}^3)}{\alpha_0 h_0^2 K_h^4 K_\alpha^2}$，$H_{\alpha h h}^{2\#} = \dfrac{B^2(-H_{\alpha h h}^1 - H_{\alpha h h}^3)}{\alpha_0 h_0^2 K_h^4 K_\alpha^2}$，$H_{\alpha h h}^{3\#} = \dfrac{B^2(2H_{\alpha h h}^3 - 2H_{\alpha h h}^1)}{\alpha_0 h_0^2 K_h^4 K_\alpha^2}$，

$H_{\alpha h h}^{4\#} = \dfrac{B^2(2H_{\alpha h h}^2 + 2H_{\alpha h h}^4)}{\alpha_0 h_0^2 K_h^4 K_\alpha^2}$，$H_{\alpha h h}^{5\#} = \dfrac{B^2(H_{\alpha h h}^2 - H_{\alpha h h}^4)}{\alpha_0 h_0^2 K_h^4 K_\alpha^2}$，$H_{\alpha h h}^{6\#} = \dfrac{B^2(H_{\alpha h h}^4 - H_{\alpha h h}^2)}{\alpha_0 h_0^2 K_h^4 K_\alpha^2}$。

4　模型验证

得到弯扭复合运动情况下断面自激升力时程曲线后，用 MATLAB 软件进行 FFT 及 IFFT 分离出不同频率的气动力项，单独用最小二乘法识别出各分项的气动参数，再以识别结果作为初始值，直接进行包含 24 个气动参数的非线性自激力模型的最小二乘法识别。

为比较仅包含倍频项自激力表达式和包含倍频项及弯扭耦合项的自激力表达式识别结果与 CFD 原气动力时程的差异，引入精度系数 R，定义如下：

$$R = \frac{\left(\sum C_i \bar{C}_i \right)^2}{\left(\sum C_i^2 \right) \left(\sum \bar{C}_i^2 \right)} \tag{14}$$

式中，C_i 表示 CFD 计算所得第 i 时刻气动力（矩），$\bar{C}_i$ 表示采用非线性自激力表达式拟合得的第 i 时刻气动力（矩）。显然 R 值越接近 1，表达式拟合精度越高。

仅拟合前三次倍频项时，拟合结果与 CFD 时程相比较如图 5 所示，实线表示 CFD 时程，虚线表示倍频项拟合结果，精度系数 $R = 0.988\ 7$。

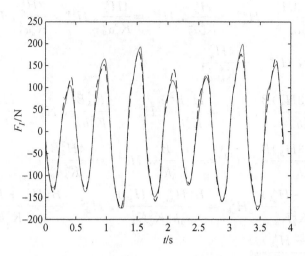

图5 气动升力倍频项拟合结果与 CFD 时程比较

拟合前三次倍频项及弯扭耦合项时，拟合结果与 CFD 时程相比较如图 6 所示，实线表示 CFD 时程，虚线表示倍频项及弯扭耦合项拟合结果，精度系数 $R = 0.998\ 2$。

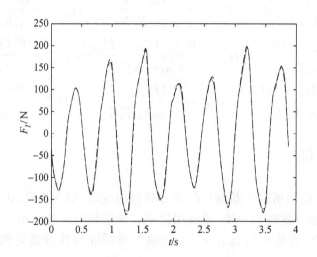

图6 气动升力倍频项及弯扭耦合项拟合结果与 CFD 时程比较

证明在弯扭不同频的复合运动情况下，同时考虑倍频项及弯扭耦合项的非线性自激力模型与仅考虑倍频项的自激力模型相比，能更精确地描述非线性自激气动力及自激力的非线性特性。

5　结论

通过 CFD 计算发现了桥梁断面弯扭复合运动气动力的倍频和频率耦合特征，基于此建立了非线性气动力表达式，考虑了弯扭耦合项，经验证此表达式精度更高。

参考文献

[1] Scanlan R H，Tomko J J. Airfoil and bridge deck flutter derivatives[J]. Journal of Engineering Mechanics，ASCE,1971,97(6):1717-1737.

[2] 廖海黎.大跨度桥梁非线性自激气动力及非线性颤振研究[J].前沿动态,2009,3:9-13.

[3] Falco M, Curami A, Zasso A. Nonlinear effects in sectional model aeroelastic parameters identification [J]. Journal of Wind Engineering and Industrial Aerodynamics，1992，42(1)：1321-1332.

[4] Diana G, Resta F, Rocchi D, Argentin T. Aerodynamic hysteresis：wind tunnel tests and numerical implementation of a fully nonlinear model for the bridge aeroelastic forces[C]//Proceedings of the 4th International Conference on Advances in Wind and Structures(AWAS'08)，Jeju, Korea，May 29-31，2008:944-960.

[5] Diana G, Rocchi D, Argentini T, et al. Aerodynamic instability of a bridge deck section model：linear and nonlinear approach to force modeling [J]. Journal of Wind Engineering and Industrial Aerodynamics，2010，98(6-7):363-374.

[6] 陈政清,于向东.大跨度桥梁颤振自激力的强迫振动法研究[J].土木工程学报,2002,35(5):34-41.

[7] Amandolese X, Michelin S, Choquel M. Low speed flutter and limit cycle oscillations of a two-degree-of-freedom flat plate in a wind tunnel[J]. Journal of Fluids and Structures, 2013, 43(6):244-255.

[8] 朱乐东,高广中.典型桥梁断面软颤振现象及影响因素[J].同济大学学报(自然科学版),2015,43(9)：1289-1294,1382.

[9] 许福友,陈艾荣.印尼 Suramadu 大桥颤振试验与颤振分析[J].土木工程学报,2009,43(1):35-40.

[10] 张朝贵.桥梁主梁"软"颤振及其非线性自激气动力参数识别[D].上海:同济大学,2007.

[11] Zhang W M, Ge Y J. Flutter mode transition of a double-main-span suspension bridge in full aeroelastic model testing[J]. Journal of Bridge Engineering, ASCE, 2014,19(7)：06014004.

[12] 王骑.大跨度桥梁断面非线性自激气动力与非线性气动稳定性研究[D].成都:西南交通大学,2011.

[13] Zhu L D, Meng X L, Guo Z S. Nonlinear mathematical model of vortex-induced vertical force on a flat closed-box bridge deck[J]. Journal of Wind Engineering and Industrial Aerodynamics, 2013,122：69-82.

[14] Belloli M, Fossati F, Giappino S, et al. Vortex induced vibrations of a bridge deck：dynamic response and surface pressure distribution[J]. Journal of Wind Engineering and Industrial Aerodynamics, 2014,133:160-168.

[15] 张皓清.大跨度钢箱梁悬索桥非线性气动力数值模拟及颤振研究[D].南京:东南大学,2018.

开敞式张拉膜结构的风致响应研究

张营营[1]，曹　原[1]，徐俊豪[1]，吴　蒙[1]

(1.中国矿业大学，江苏徐州 221116)

摘　要：本文介绍了开敞式张拉膜结构的风致特性和风荷载体型系数。通过模拟以往参考文献中典型张拉膜结构的风致响应，引入并验证了大涡模拟方法。通过一系列数值计算得到风荷载体型系数，并与《膜结构技术规程》(CECS 158：2015)中提出的数值进行比较。最后，研究了风向和风速在平均风荷载作用下对开敞式鞍型膜结构风致响应的影响。

关键词：张拉膜结构；流固耦合；风致响应；风压

1　引言

由于膜材料质轻而薄，几何非线性较强，在风荷载作用下，膜结构会产生较大的变形和振动，这些动力响应会对周围流场产生较大的影响，进而显著改变结构周围的流场，从而形成明显的"流固耦合"效应。由于流固耦合问题的复杂性，目前仍没有较为完善的理论给出合理的解释，很多问题需要进一步深入研究。Takeda、潘钧俊、Lou 等[1-4]通过风洞实验、计算流体动力学分析了鞍型膜结构的风压系数；孙晓颖等[5]通过数值模拟分析了风向角、矢跨比、跨高比及跨度对 4 种典型张拉膜结构平均风压分布的影响规律；Vizotto 等[6]通过风洞试验和 ANSYS-CFX 软件分析了自由壳结构的风压系数。

本文根据文献[10]中的平面张拉膜结构的气弹风洞试验，采用大涡模拟法在考虑流固耦合效应基础上进行风致响应数值模拟，以验证数值模拟方法的正确性。其次，基于《膜结构技术规程》(CECS 158：2015)[7]中关于鞍型膜结构的风荷载体型系数进行对比验证分析。最后，探讨了平均风荷载作用下风向角、风速两个参数对开敞式鞍型膜结构风致响应的影响规律。

2　开敞式鞍型膜结构的计算模型

依据《膜结构技术规程》(CECS 158：2015)的规定，本文以鞍型膜结构为例，取鞍型膜结构的跨度为 21 m，膜面矢高为 2.625 m，膜材厚度为 0.8 mm，密度为 1 300 kg/m²，经、纬向弹性模量分别为 323 kN/m 和 169 kN/m，泊松比为 0.355，膜面预张力 4 kN/m。膜边界采用柔性边界，拉索截面面积为 200 mm²，弹性模量为 200 GPa。四个角点设置为固定铰支座，定义膜面为流固耦合界面，结构场的求解设置为 Dynamic-Implicit。质量阻尼为 1.84，刚度阻尼为 0.000 166。流场尺寸为 189 m×105 m×52.5 m，流场区域阻塞率为 2%＜5%。

对流场模型计算区域采用结构网格进行划分,流体域采用了基于 FCBI-C 的流体单元,底部设置为无滑移壁面,顶部和两侧为可滑移壁面。

本文研究了风向角和风速对膜结构风致响应的影响,图 1 分别给出了 0°、45°、90°风向角下的来流方向,其中 0°风向为沿着高点连线方向,90°风向为沿着低点连线方向,45°风向为垂直于膜面边界方向,即沿着高低点连线方向。另外,本文还考虑了 10 m/s,20 m/s 和 30 m/s 三种风速的影响。

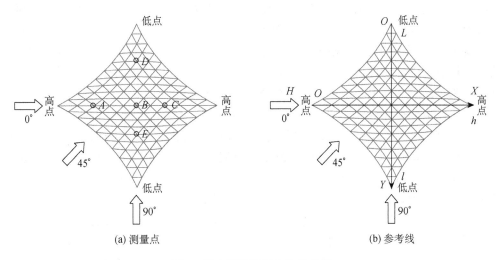

(a) 测量点　　　　　　　(b) 参考线

图 1　膜表面的测量点和参考线

3　结果和讨论

3.1　现有风洞结果对数值分析方法的验证

针对文献[8]中的风洞试验,通过测点的位移时程计算相应的风振系数,并进行验证分析。试验装置如图 2 所示,膜面倾角为 45°,膜面施加的预应力为 2.24 kN/m。采用均匀紊流场,紊流强度 14%,风速依次为 10 m/s,16 m/s 和 22 m/s。取张拉膜结构边长 $D=1$ m 作为流场区域划分依据,参考风洞试验场地,流场区域划分为上游 $5D$,下游 $8D$,宽度 $11D$,底部距离膜下角点 $0.3D$,顶部距膜上角 $5D$,流场区域阻塞率为 1.51%<5%。

图 2　45°张拉膜试验装置

表 1　各观测点的风振系数比较

观测点	试验风振系数	数值模拟风振系数	差值/%
D1	1.276 85	1.245 5	−2.45%
D3	1.273	1.267 5	−0.43%
D4	1.233 1	1.229 4	−0.30%
D5	1.287	1.286 7	−0.02%

利用文献[9-10]中的方法可计算得到有限元模型中每个节点的风振系数，进一步得到了膜面上四部分的风振系数。与试验测值的对比如表1所示，易得两者吻合较好，但数值模拟方法计算得到的风振系数的结果略低于试验值，这是由于膜面在振动过程中逐渐松弛而使膜面张力水平下降，从而测得的风振系数略大。

3.2 结构与流场结果分析

在平均风荷载作用下，结构迎风面主要受到风吸力，竖向位移最大值出现在迎风面的中部偏前端位置处，方向向上；结构背风面主要受到风压力，位移最大值大约出现在背风面的中部位置处，方向向下。背风面处的竖向位移均方差要大于迎风面，最大位移和最大位移均方差均位于中部靠近后缘。竖向位移均值和均方差都沿着两个高点的连线对称分布，因此可认为在高点连线上的结构振动为全波正弦振动。

由数值模拟测得建筑物表面上任一点上的净风压力 w_i，将此压力 w_i 除以建筑物远前方上游来流风的平均动压 $0.5\rho\bar{v}^2$，即可得到平均风压力系数 μ_{si}。图3所示为模型一的膜面风压系数分布图，模型一矢跨比为1/8，跨高比3，膜面预应力为 4 kN/m，受 15 m/s 的平均风荷载作用。经分析发现在上表面，膜面前端为背风面，最小风压系数为 -0.5071，膜面后端为迎风面，最大风压系数为 0.280 0；在下表面，膜面前端为迎风面，出现的最大风压系数为0.313 4，膜面后端为背风面，最小风压系数为 -0.492 8。在迎风面和背风面，膜面的风压形状近似为三角形，膜结构下表面的风压分布基本上与上表面的压力分布相反；其中背风面的递减梯度更大，风压变化幅值也较大；整个膜面大部分区域受向下的风压力作用。

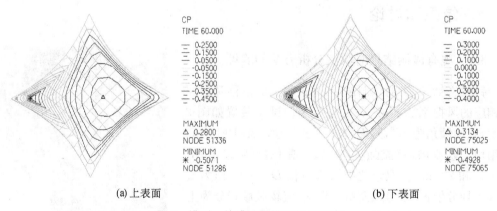

(a) 上表面　　　　　　　　　　　　　　(b) 下表面

图3　模型一的膜面风压系数分布图

3.3 风荷载体型系数的计算与验证

本文对数值模拟得到的风场特性进行总结和分析，归纳出相应的风荷载体型系数，并与《膜结构技术规程》(CECS 158：2015)中的规范建议值进行对比分析。如图4所示，按照规程将膜面将分为四个区域，为更准确地计算膜面风荷载，本文将膜面划分为 12块。分区风荷载体型系数 μ_s 的计算为该区域各测点风荷载体型系数 μ_{si} 乘以相应从属面积 A_i 取加权平均得到。

经分析发现开敞式鞍型膜结构的风荷载体型系数分布较不均匀，最大风吸力位于膜面

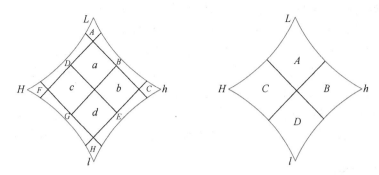

图 4   风力系数的区域

前缘迎风拐角处,之后由于气流再附,风吸作用逐渐转为风压作用,最大风压力出现在膜面中后部,在膜面后缘风压逐渐减小。开敞式鞍型膜结构受风吸力作用集中在迎风面 F 区,其余各区均受到风压力作用。

表 2 所示为模型一模拟结果与文献[5]的对比,结果表明本文计算结果中各分区风荷载体型系数较文献[5]偏差在 10% 以内,验证了本文分析结果的可靠性。

表 2   开敞式鞍型膜结构各分区风荷载体型系数

区域	模型一	参考值[5]	差值/%
A	0.200	0.20	0
B	0.381	0.37	2.9
C	0.256	0.25	2.3%
D	−0.114	−0.11	−3.5%
E	0.381	0.37	2.9%
F	−0.708	−0.72	1.7%
G	−0.114	−0.11	−3.5%
H	0.200	0.20	0
a	0.586	0.59	−0.7%
b	0.663	0.71	−7.1%
c	0.255	0.27	−6.7%
d	0.586	0.59	−0.7%

区域	模型二	参考值[8]	差值/%
A	0.466	0.5	−7.3%
B	0.637	0.65	−2.0%
C	−0.15	0.3	—
D	0.466	0.5	−7.3%

根据文献[5]可知,随着矢跨比增大膜面风压值增大,膜面风压分布越不均匀,跨高比对膜面风压影响较小,据此本文又建立了跨度 21 m,矢跨比 1/8,跨高比为 2,膜面预应力为

4 kN/m的开敞式鞍型膜结构模型二，模拟风速为10 m/s、20 m/s、30 m/s。经对比发现各区域的数值模拟结果均较规程数值偏小，产生误差的原因是，规程中的数值大部分是通过试验测得的，受到各种试验条件和设备等条件影响较大，试验中膜面容易出现应力松弛，而数值模拟中施加的边界条件和约束条件相对理想。由于实际的膜面风压会受到矢跨比、檐口高度等多方面的影响，现行《膜结构技术规程》中的风荷载体型系数主要是依据风洞试验并结合CFD数值模拟的计算结果，综合考虑各种因素分析得到的相对偏安全的包络值。但如果对某一形状做了风洞试验或CFD数值模拟，结果往往比规程推荐值小。

3.4 风向和风速的影响

图5是模型二在0°风向角下风压分布图。可以看出，膜结构下表面的风压分布基本与上表面相反，迎风前缘高点处风吸力最大，膜面中部风压力最大，整个膜面大部分区域受风压力作用。整个膜面位移和有效应力均沿高点连线呈对称分布，膜面迎风一侧区域向上隆起，最大位移出现在膜面背风面高点中央位置处；整个膜面的最大等效应力出现在迎风面高点中间位置处，最小应力出现在背风面边缘位置处。

图6是模型二在45°风向角下开敞式鞍型膜结构的响应分布图。整个膜面受风压力和风吸力共同作用，风压区面积略大于风吸区。膜面最大风压力出现在迎风面低点附近区域，最大风吸力出现在背风面高点附近区域。

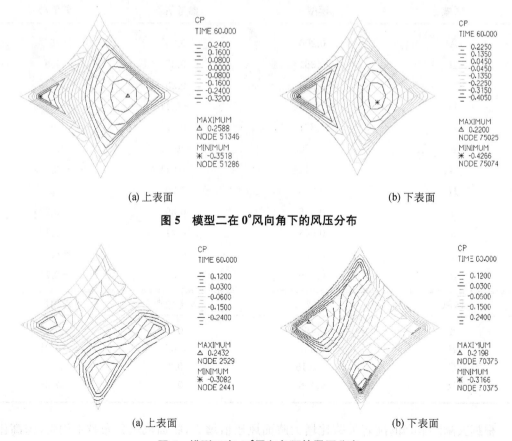

(a) 上表面　　　　　　　　　　　(b) 下表面

图5　模型二在0°风向角下的风压分布

(a) 上表面　　　　　　　　　　　(b) 下表面

图6　模型二在45°风向角下的风压分布

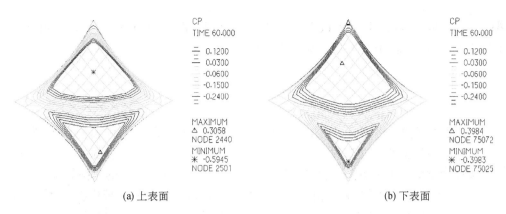

(a) 上表面　　　　　　　　　　　　　　　　　　(b) 下表面

图 7　模型二在 90°风向角下的风压分布

图 7 是模型二在 90°风向角开敞式鞍型膜结构的响应分布图。膜结构下表面的风压分布基本与上表面趋势相反,风压力最大值出现在迎风边缘低点处,而风吸力最大值出现在膜面中部。膜面大部分区域受向上的风吸力作用,整个膜面位移和膜面应力关于两个低点连线呈对称分布,且最大位移出现在膜面背风面靠近中央位置处;膜面在迎风高点附近向上隆起,而在背风高点附近向下凹陷。膜面最大等效应力出现在迎风面低点中央附近区域,最小等效应力出现在背风面高点边缘位置处,迎风区域的有效应力远高于背风区域的有效应力。

当风向角为 0°时,鞍型膜结构风荷载以风压力为主,在迎风前缘高点局部区域受气流分离影响,产生较大风吸力,最大负压集中分布在膜面前缘迎风面,之后风吸作用逐渐过渡为风压作用,在膜面中部形成最大的风压值,其后在屋盖后缘正压值逐渐减小。当风向角为 45°时,最大风压力和风吸力分布在膜面迎风边一侧的狭长区域;随着远离迎风边缘,风压系数变化趋于平缓,绝对值也相对较小。当风向角为 90°时,迎风前缘低点附近区域表现出风压力作用,并沿风向逐渐由风压变为风吸作用,在膜面中部区域由于气流分离的影响导致风吸力很大,而在下风向低点附近区域又产生流动再附,风吸力逐渐减小。

此外还探讨了 5 个测点的风压均值与均方差随风向角的变化关系,结果如图 8 所示。在风压值方面,90°风向角时风压绝对值最大,0°时次之,45°最小;在风压均方差响应方面,

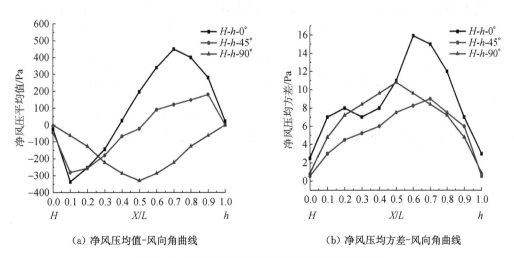

(a) 净风压均值-风向角曲线　　　　　　　　　　(b) 净风压均方差-风向角曲线

图 8　H-h 线上测点净风压随风向角的变化曲线

0°风向角时各测点的风压均方差最大，90°次之，而45°时最小。这说明在0°风向角下，各测点的风压波动最大，振动最为剧烈，流固耦合响应最明显。

4 结论

（1）基于大涡湍流模型模拟出了膜结构流固耦合作用下的瞬态响应，数值模拟分析结果略低于试验时所得的风振系数结果，这主要是由于在试验时，膜面在振动过程中可能会逐渐松弛而使预应力水平下降，而数值模拟过程中没有考虑膜面应力的松弛效应。

（2）将数值模拟结果与《膜结构技术规程》中的值进行对比，各区域模拟值和规程建议值吻合度较好，部分区域略有误差，这主要是由于规程综合考虑了各种因素，在风洞试验和数值模拟结果中选取的一个包络值相对偏安全。

（3）开敞式鞍型膜结构的风致响应受来流风向影响较大，0°和90°风向角是最不利风向角，45°风向角下的风振响应较小。风向角为0°时，膜面大部分区域受到风压力作用；风向角为90°时，膜面大部分区域受到风吸力作用；风向角为45°时，整个膜面同时受到风压力和风吸力的共同作用，受风压力作用区域略大于受风吸力作用区域。此外，随着风速的增加，膜面风压呈非线性的现象显著。

参考文献

［1］Takeda F，Yoshino T，Uematsu Y. Design wind force coefficients for hyperbolic paraboloid free roofs ［J］. Journal of Physical Science and Application，2014，4(1)：1-19.

［2］潘钧俊，李方慧，顾明，等.不同风场开敞和封闭的鞍型屋盖平均风压特性［J］.同济大学学报（自然科学版），2009(06)：715-719.

［3］顾明，李方慧，潘钧俊，等.不同风场下开、闭鞍型屋盖脉动风压特性分析［J］.同济大学学报（自然科学版），2010(07)：969-975.

［4］Lou X，Liu Z H，Song S Y. FSI numerical simulation for wind-induced dynamic response of tension membrane structures［J］. Advanced Materials Research，2014：1065-1069.

［5］孙晓颖，李天娥，张强，等.典型张拉膜结构风压分布特性数值分析［J］.建筑结构学报，2016(S1)：1-12.

［6］Vizotto I，Ferreira A M. Wind force coefficients on hexagonal free form shell［J］. Engineering Structures，2015，83：17-29.

［7］中国工程建设标准化协会.CECS 158：2015 膜结构技术规程［S］.北京：中国计划出版社，2015.

［8］孙芳锦，张大明，殷志祥.索膜结构在竖向脉动风影响下的风振响应研究［J］.钢结构，2007，22(2)：9-13.

［9］周向阳.张拉结构的风致响应计算方法研究与流固耦合数值模拟［D］.上海：同济大学，2009.

［10］闫艳军.薄膜和索网结构风致振动理论和试验研究［D］.上海：同济大学，2014.

大跨度桥梁非平稳抖振时域分析

陶天友[1]，王　浩[1]

（1.东南大学土木工程学院，江苏南京 210096）

摘　要：针对台风等极端风环境非平稳性显著的特点，开展大跨度桥梁非平稳抖振时域分析。基于准定常理论，拓展了桥梁非平稳气动力模型，并基于脉冲响应函数进行了非平稳自激力的时域化。在此基础上，采用谐波合成法准确模拟了台风非平稳脉动风场，从而进一步开展了大跨度桥梁主梁断面非平稳抖振响应时域分析，并与基于平稳分析理论的结果进行了对比。研究结果表明：非平稳气动自激力可采用阶跃函数法进行时域化，并通过时变平均风速反映记忆效应的强度。桥梁非平稳静风位移与抖振位移 RMS 值均大于平稳抖振分析结果。为此，台风作用下大跨度桥梁的抖振响应分析应充分考虑台风非平稳特征的影响。

关键词：大跨度桥梁；非平稳；抖振；时域分析

1　引言

近年来，在世界范围内已建成一批举世瞩目的大跨度索承桥梁，如日本明石海峡大桥、中国西堠门大桥等。随着桥梁跨度的增加，大跨度桥梁对风荷载越趋敏感，风荷载也逐渐成了大跨度桥梁的控制荷载[1-2]。同时，很多大跨度桥梁毗邻太平洋沿岸，经常受到夏季台风侵袭。就我国而言，苏通大桥、润扬大桥、西堠门大桥等大跨度索承桥梁均处于台风多发区域。为此，开展台风作用下大跨度桥梁抗风性能研究一直是结构风工程领域的研究热点[3]。

对于流线型闭口钢箱梁，台风作用下通常发生的振动形式为抖振。抖振是一种脉动风引起的强迫振动，它虽然不会引起结构的直接破坏，但频繁的交变应力会缩短结构的疲劳寿命，过大的振幅也会影响行车稳定性[4-6]。同时，随着风速的增加及桥梁跨度的增长，大跨度桥梁的风致抖振问题愈加突出。在传统桥梁风振分析中，基于平稳随机过程假设的经典桥梁抖振分析理论被广泛应用于强/台风作用下大跨度桥梁的抖振性能分析与评估[7-8]。然而，近年来的多次台风现场实测发现：台风风场存在强对流特征，风速与风向具有明显的时变特性[9-11]。上述现象表明，台风风速为典型非平稳随机过程，与传统平稳随机过程假设不符。因此，经典桥梁抖振分析理论未能较好地诠释台风作用下大跨度桥梁的抖振响应，由平稳向非平稳过渡也逐渐成为大跨度桥梁风振分析的主要发展方向之一[12]。

在桥梁非平稳抖振分析方面，国内外学者已开展了一些有价值的研究工作。例如，

Chen 建立了一种大跨度桥梁多模态非平稳耦合抖振频域分析方法[13]；Kwon 与 Kareem 提出了一种广义阵风系数以考虑非平稳风场的瞬态效应[14]；Hu 等基于时变平均风速与脉动风速演变谱密度建立了台风作用下桥梁非平稳抖振分析框架，并通过虚拟激励法在时频域内实现了结构动力方程的求解[15]。然而，上述桥梁非平稳抖振分析主要在频域内开展，尚需进一步在时域内实现台风作用下大跨度桥梁非平稳抖振分析，以充分考虑台风平均风速与脉动风速的非平稳特性，从而为大跨度桥梁的非平稳抖振响应预测提供指导依据。

本文以苏通大桥主梁断面为例，开展台风作用下大跨度桥梁非平稳抖振时域分析。基于准定常理论拓展了桥梁非平稳静风力、抖振力与自激力模型，并通过阶跃函数法实现了非平稳气动自激力的时域化。在此基础上，采用谐波合成法模拟了台风非平稳风场，进而以主梁节段模型为基础开展了台风作用下大跨度桥梁非平稳抖振时域分析，并与平稳时域抖振分析结果进行了对比。分析结果可为台风多发区大跨度桥梁的抗风分析与设计提供参考。

2 主梁非平稳时域气动力模型

在大跨度桥梁的非平稳抖振分析中，桥梁风荷载主要包括时变静风荷载、非平稳抖振力和非平稳气动自激力。由于当前主动风洞试验技术尚不成熟，非平稳气动力系数的识别研究尚未见文献报道。由于时变平均风速的变化速率相对较为缓慢，因此文献[13]建议非平稳桥梁风荷载的计算仍基于平稳流场下获得的三分力系数、颤振导数及气动导纳函数，但需在准定常理论的基础上考虑非平稳风特性。

2.1 时变静风荷载

根据 Davenport 准定常理论[7-8]，时变平均风作用下桥梁主梁非平稳静风荷载可表示为：

$$D_m(t) = \frac{1}{2}\rho\tilde{U}(t)^2 C_D[\alpha(t)]H \tag{1}$$

$$L_m(t) = \frac{1}{2}\rho\tilde{U}(t)^2 C_L[\alpha(t)]B \tag{2}$$

$$M_m(t) = \frac{1}{2}\rho\tilde{U}(t)^2 C_M[\alpha(t)]B^2 \tag{3}$$

式中，$D_m(t)$、$L_m(t)$、$M_m(t)$ 分别表示时变平均风引起的阻力、升力与扭矩；ρ 为空气密度，可取 1.25 kg/m³；$\tilde{U}(t)$ 为时变平均风速；H 为主梁高度；B 为主梁宽度；$C_D[\alpha(t)]$、$C_L[\alpha(t)]$、$C_M[\alpha(t)]$ 为阻力系数、升力系数和扭矩系数，均为关于有效攻角的函数，可由节段模型风洞试验测得；$\alpha(t)$ 为主梁断面的有效攻角，为自然风的攻角与主梁在静风荷载作用下的扭转角之和。

可见，$\alpha(t)$ 随时间而改变，因而非平稳静风荷载为时变函数，且依赖于时变平均风速及其引起的瞬时有效攻角。因此，非平稳静风荷载中计入了时变平均风速引起的瞬态效应，这是其与平稳静风荷载的主要区别。

2.2 非平稳抖振力

台风非平稳脉动风速在单位长度主梁上引起的抖振力可表示为:

$$D_b(t) = \frac{1}{2}\rho\tilde{U}(t)^2 H\left\{2C_D[\alpha(t)]\chi_D\frac{u(t)}{\tilde{U}(t)} + (C_D'[\alpha(t)] - C_L[\alpha(t)])\chi_D'\frac{w(t)}{\tilde{U}(t)}\right\} \quad (4)$$

$$L_b(t) = \frac{1}{2}\rho\tilde{U}(t)^2 B\left\{2C_L[\alpha(t)]\chi_L\frac{u(t)}{\tilde{U}(t)} + (C_L'[\alpha(t)] + C_D[\alpha(t)])\chi_L'\frac{w(t)}{\tilde{U}(t)}\right\} \quad (5)$$

$$M_b(t) = \frac{1}{2}\rho\tilde{U}(t)^2 B^2\left\{2C_M[\alpha(t)]\chi_M\frac{u(t)}{\tilde{U}(t)} + C_M'[\alpha(t)]\chi_M'\frac{w(t)}{\tilde{U}(t)}\right\} \quad (6)$$

式中,$D_b(t)$、$L_b(t)$、$M_b(t)$ 分别表示抖振力中的阻力、升力和扭矩;$C_D'[\alpha(t)]$、$C_L'[\alpha(t)]$、$C_M'[\alpha(t)]$ 分别表示阻力系数 $C_D[\alpha(t)]$、升力系数 $C_L[\alpha(t)]$ 和扭矩系数 $C_M[\alpha(t)]$ 关于攻角 $\alpha(t)$ 的一阶导数;$u(t)$、$w(t)$ 分别为顺风向与竖向非平稳脉动风速;χ_D、χ_D'、χ_L、χ_L'、χ_M、χ_M' 为气动导纳函数,用于考虑抖振力沿主梁宽度方向的相关性。

2.3 非平稳气动自激力

台风非平稳风速在单位长度主梁上引起的气动自激力可表示为:

$$D_{se} = \frac{1}{2}\rho\tilde{U}(t)^2 B\left[KP_1^*\frac{\dot{p}}{\tilde{U}(t)} + KP_2^*\frac{B\dot{\alpha}}{\tilde{U}(t)} + K^2P_3^*\alpha + K^2P_4^*\frac{p}{B} + KP_5^*\frac{\dot{h}}{\tilde{U}(t)} + K^2P_6^*\frac{h}{B}\right]$$
$$(7)$$

$$L_{se} = \frac{1}{2}\rho\tilde{U}(t)^2 B\left[KH_1^*\frac{\dot{h}}{\tilde{U}(t)} + KH_2^*\frac{B\dot{\alpha}}{\tilde{U}(t)} + K^2H_3^*\alpha + K^2H_4^*\frac{h}{B} + KH_5^*\frac{\dot{p}}{\tilde{U}(t)} + K^2H_6^*\frac{p}{B}\right]$$
$$(8)$$

$$M_{se} = \frac{1}{2}\rho\tilde{U}(t)^2 B^2\left[KA_1^*\frac{\dot{h}}{\tilde{U}(t)} + KA_2^*\frac{B\dot{\alpha}}{\tilde{U}(t)} + K^2A_3^*\alpha + K^2A_4^*\frac{h}{B} + KA_5^*\frac{\dot{p}}{\tilde{U}(t)} + K^2A_6^*\frac{p}{B}\right]$$
$$(9)$$

式中,D_{se}、L_{se}、M_{se} 分别为气动自激力中的阻力、升力和扭矩;p、h、α 为主梁侧向、竖向和扭转位移;$\dot{x}(x = p, h, \alpha)$ 表示主梁在对应方向的速度;$\ddot{x}$ 表示主梁在对应方向的加速度;$K = \omega B/\tilde{U}(t)$ 为折算频率;H_j^*、P_j^*、$A_j^*(j = 1, 2, \cdots, 6)$ 为通过节段模型风洞试验获得的 18 个颤振导数,均为 K 的函数。

由式(7)~式(9)可见,气动自激力是关于时间和频率的联合函数。若进行大跨度桥梁非平稳抖振时域分析,需先获得主梁断面气动自激力的时域表达。主梁断面气动自激力实际描述了风荷载与主梁的耦合作用,其为一典型的记忆衰退系统。主梁运动与紊流引起的尾流会持续对主梁气动力产生影响,直至尾流处于下游足够远时,其对气动力的贡献逐渐消失。主梁气动力的这一尾流效应即为流体记忆效应[16]。

在平稳抖振分析理论中,气动自激力可通过阶跃函数或脉冲函数进行时域化。本文将

阶跃函数拓展应用于非平稳气动自激力的时域化。非平稳时域气动自激力可通过二维阶跃函数表示为

$$
\begin{aligned}
D_{se} = \frac{1}{2}\rho\tilde{U}(t)^2 BC'_D \Big\{ & \Big[\varphi_{Dp}[t,\tilde{U}(0)]\frac{\dot{p}(0)}{B} + \int_0^t \varphi_{Dp}[t-\tau,\tilde{U}(\tau)]\frac{\ddot{p}(\tau)}{B}\mathrm{d}\tau \Big] \\
& + \Big[\varphi_{Dh}[t,\tilde{U}(0)]\frac{\dot{h}(0)}{B} + \int_0^t \varphi_{Dh}[t-\tau,\tilde{U}(\tau)]\frac{\ddot{h}(\tau)}{B}\mathrm{d}\tau \Big] \\
& + \Big[\varphi_{D\alpha}[t,\tilde{U}(0)]\alpha(0) + \int_0^t \varphi_{D\alpha}[t-\tau,\tilde{U}(\tau)]\dot{\alpha}(\tau)\mathrm{d}\tau \Big] \Big\}
\end{aligned} \tag{10}
$$

$$
\begin{aligned}
L_{se} = \frac{1}{2}\rho\tilde{U}(t)^2 BC'_L \Big\{ & \Big[\varphi_{Lp}[t,\tilde{U}(0)]\frac{\dot{p}(0)}{B} + \int_0^t \varphi_{Lp}[t-\tau,\tilde{U}(\tau)]\frac{\ddot{p}(\tau)}{B}\mathrm{d}\tau \Big] \\
& + \Big[\varphi_{Lh}[t,\tilde{U}(0)]\frac{\dot{h}(0)}{B} + \int_0^t \varphi_{Lh}[t-\tau,\tilde{U}(\tau)]\frac{\ddot{h}(\tau)}{B}\mathrm{d}\tau \Big] \\
& + \Big[\varphi_{L\alpha}[t,\tilde{U}(0)]\alpha(0) + \int_0^t \varphi_{L\alpha}[t-\tau,\tilde{U}(\tau)]\dot{\alpha}(\tau)\mathrm{d}\tau \Big] \Big\}
\end{aligned} \tag{11}
$$

$$
\begin{aligned}
M_{se} = \frac{1}{2}\rho\tilde{U}(t)^2 B^2 C'_M \Big\{ & \Big[\varphi_{Mp}[t,\tilde{U}(0)]\frac{\dot{p}(0)}{B} + \int_0^t \varphi_{Mp}[t-\tau,\tilde{U}(\tau)]\frac{\ddot{p}(\tau)}{B}\mathrm{d}\tau \Big] \\
& + \Big[\varphi_{Mh}[t,\tilde{U}(0)]\frac{\dot{h}(0)}{B} + \int_0^t \varphi_{Mh}[t-\tau,\tilde{U}(\tau)]\frac{\ddot{h}(\tau)}{B}\mathrm{d}\tau \Big] \\
& + \Big[\varphi_{M\alpha}[t,\tilde{U}(0)]\alpha(0) + \int_0^t \varphi_{M\alpha}[t-\tau,\tilde{U}(\tau)]\dot{\alpha}(\tau)\mathrm{d}\tau \Big] \Big\}
\end{aligned} \tag{12}
$$

式中，$\varphi_{yx}[t,U(\tau)]$（$y = D, L, M$；$x = p, h, \alpha$）为二维阶跃函数，其具体表达为

$$
\varphi_{yx}[t,U(\tau)] = 1 - \sum_{j=1}^n a_j \mathrm{e}^{-b_j[U(\tau)/B]t} \tag{13}
$$

由式(13)可知，非平稳气动自激力的二维阶跃函数存在两个时间维度。时间维度 τ 与时变平均风速相关，表征流体记忆效应的强度；时间维度 t 与尾流位置相关，表征尾流记忆效应的衰退状态。由于时变平均风速为关于时间的慢变函数，因而在二维阶跃函数的参数确定中仍可采用平稳自激力模型识别的参数作为二维阶跃函数中的待定参数。

3 台风非平稳脉动风场模拟

为开展台风作用下大跨度桥梁非平稳抖振时域分析，需先进行台风非平稳脉动风场模拟。对于脉动风的演变谱模型，顺风向采用苏通桥址区台风"海葵"实测演变谱密度。由于缺乏竖向相应的实测数据，因而采用式(14)所述经验演变谱模型。其中，平稳随机过程功率谱密度取 Panofsky 谱。

$$
S_v(n,t) = |A(n,t)|^2 S_v(n) \tag{14}
$$

$$
A(n,t) = \sqrt{\left[\frac{\bar{U}}{\tilde{U}(t)}\right]^{-1}\left\{\frac{1+4\left[\frac{nz}{\bar{U}}\right]}{1+4\left[\frac{nz}{\tilde{U}(t)}\right]}\right\}^2} \tag{15}
$$

$$
\frac{nS_v(n)}{u_*^2} = \frac{6f}{(1+4f)^2} \tag{16}
$$

式中,$A(n,t)$ 为调制函数;$S_v(n)$ 为平稳功率谱密度;n 为脉动风的频率;t 为时间;$\tilde{U}(t)$ 为时变平均风速,取台风"海葵"实测值;$\bar{U}$ 为常量平均风速,可取时变平均风速关于时间的均值;$f = nz/\bar{U}$ 为 Monin 坐标;z 为模拟点距地面的高度。

基于上述顺风向与竖向脉动风演变谱密度,采用谐波合成法模拟了台风非平稳脉动风场。其中,顺风向与竖向典型脉动风速样本如图 1 所示。

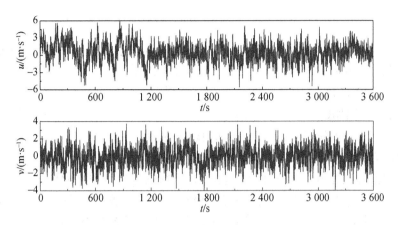

图 1 台风非平稳脉动风速样本

为验证所模拟非平稳脉动风速的有效性,在顺风向与竖向各模拟了 500 条风速样本,并分别计算了其自相关函数。将所计算的自相关函数与目标值进行了对比,对比结果如图 2 所示。由图 2 可知,模拟非平稳脉动风速的自相关函数与目标值在各滞后时间 τ 下均吻合较好,表明所模拟的非平稳脉动风场具有较高的保真度,可用于后续的大跨度桥梁非平稳抖振响应时域分析。

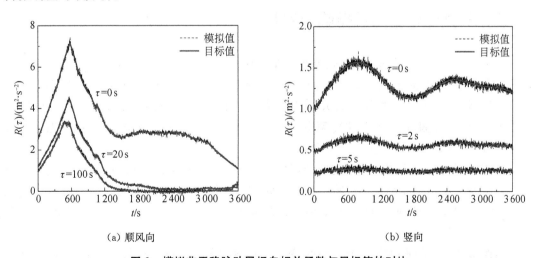

（a）顺风向　　　　　　　　　　　　　　　　（b）竖向

图 2 模拟非平稳脉动风场自相关函数与目标值的对比

4 桥梁非平稳抖振时域分析方法

对于二维主梁断面,它存在三个方向的自由度,即侧向、竖向平动自由度和扭转自由度。在非平稳脉动风荷载作用下，二维主梁断面的动力学方程可表示为：

$$\begin{bmatrix} m & & \\ & m & \\ & & J \end{bmatrix} \begin{Bmatrix} \ddot{p} \\ \ddot{h} \\ \ddot{\alpha} \end{Bmatrix} + \begin{bmatrix} c_1 & & \\ & c_2 & \\ & & Jc_3 \end{bmatrix} \begin{Bmatrix} \dot{p} \\ \dot{h} \\ \dot{\alpha} \end{Bmatrix} + \begin{bmatrix} k_1 & & \\ & k_2 & \\ & & Jk_3 \end{bmatrix} \begin{Bmatrix} p \\ h \\ \alpha \end{Bmatrix} = \begin{Bmatrix} F_{se}^p(t) \\ F_{se}^h(t) \\ F_{se}^\alpha(t) \end{Bmatrix} + \begin{Bmatrix} F_b^p(t) \\ F_b^h(t) \\ F_b^\alpha(t) \end{Bmatrix} \tag{17}$$

式中，p、h、α 为主梁侧向、竖向和扭转位移；$\dot{x}(x=p,h,\alpha)$ 表示主梁在对应方向的速度；$\ddot{x}$ 表示主梁在对应方向的加速度；m 为单位长度主梁的质量；$J=mr^2$ 为单位长度主梁的转动惯量；r 为回转半径；$c_j=2m\xi_j\omega_j(j=1,2,3)$ 为阻尼系数；ξ_j 为阻尼比；ω_j 为各方向的模态频率；$k_j=m\omega_j^2$ 为刚度系数；$F_{se}^p(t)$、$F_{se}^h(t)$、$F_{se}^\alpha(t)$ 分别为侧向、竖向和扭转气动自激力；$F_b^p(t)$、$F_b^h(t)$、$F_b^\alpha(t)$ 分别为侧向、竖向和扭转抖振力。

由于抖振力中的三分力系数与气动自激力中的颤振导数均为攻角的函数，因而在求解式(17)前需进行时变静风荷载作用下的桥梁静风响应分析。桥梁静风响应分析的控制方程为式(18)。由于时变平均风速的变化速率较为缓慢，时变静风荷载也为时间的慢变函数。因此，虽然时变静风荷载为动力荷载，但其动力效应可忽略不计，从而时变静风响应分析实际只需在每一时刻进行确定荷载作用下的桥梁静力分析即可。

$$\begin{bmatrix} k_1 & & \\ & k_2 & \\ & & Jk_3 \end{bmatrix} \begin{Bmatrix} \bar{p}(t) \\ \bar{h}(t) \\ \bar{\alpha}(t) \end{Bmatrix} = \begin{Bmatrix} F_m^p(t) \\ F_m^h(t) \\ F_m^\alpha(t) \end{Bmatrix} \tag{18}$$

5 平稳与非平稳抖振响应对比

本文以苏通大桥主梁断面为例，开展主梁节段模型非平稳时域抖振数值模拟。主梁节段长度取 1 m，宽度为 41 m，高度为 4 m。主梁断面转动惯量中的回转半径为 11.58 m，节段模型质量共计 24.9 t。根据苏通大桥结构动力特性，考虑各方向一阶频率作为节段模型的自振频率，主梁侧弯、竖弯与扭转频率分别取 0.10 Hz、0.18 Hz、0.58 Hz。在抖振分析过程中，各阶模态频率对应的阻尼比均取 0.5%。

基于台风"海葵"实测时变平均风速，计算了 0°初始攻角下的主梁时变静风荷载，并根据式(18)进行了主梁非平稳静风响应计算。同时，以时变平均风速的均值作为常量平均风速，基于传统平稳分析理论计算了主梁平稳静风响应。平稳与非平稳静风响应的对比如图 3 所示。

由图 3 可知，非平稳静风响应与时变平均风速的特征相对应，且在平稳静风响应附近发生波动。显然，时变平均风速的存在使得非平稳静风位移在某些时段内明显大于平稳静风位移。为量化平稳与非平稳静风响应的差异，主梁平稳与非平稳静风位移的对比详见表 1。

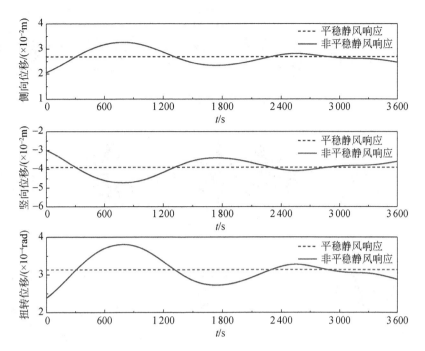

图3 主梁平稳与非平稳静风响应对比

表1 主梁平稳与非平稳静风响应对比

工况	非平稳静风位移		平稳静风位移
	最大值	平均值	
侧向	0.033 m	0.021 m	0.027 m
竖向	−0.047 m	−0.039 m	−0.039 m
扭转	3.81×10^{-4} rad	3.14×10^{-4} rad	3.13×10^{-4} rad

注:表中最大值指位移绝对值的最大值。

由表1可知,非平稳静风位移的平均值与平稳静风位移基本相同,这与统计意义上的认知保持一致。然而,非平稳静风位移的最大值与平稳静风位移差异明显。在侧向、竖向与扭转方向,非平稳静风位移的最大值分别比平稳静风位移大57.1%、20.5%、21.7%。显然,平稳抖振分析方法未能考虑平均风的时变效应,因而会明显低估台风时变平均风速引起的静风位移。

基于时变静风荷载作用下的主梁扭转位移,计算了各时刻风荷载的实际攻角,从而结合图1中的非平稳脉动风速时程进一步计算了各时刻的主梁抖振力。根据前文所述阶跃函数法进行了气动自激力时域化,并以式(17)作为控制方程,开展了主梁断面非平稳抖振时域分析。同时,基于台风"海葵"实测脉动风速拟合了平稳风谱模型,并采用谐波合成法模拟了主梁平稳脉动风场,从而根据经典桥梁抖振分析理论计算了主梁断面平稳抖振响应。基于主梁平稳与非平稳侧向、竖向与扭转位移抖振响应对比如图4所示。

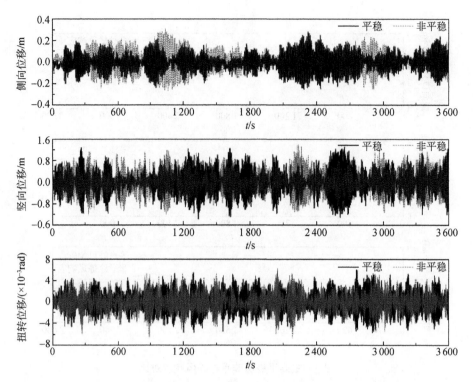

图 4　主梁平稳与非平稳抖振响应对比

由图 4 可知，各方向平稳与非平稳抖振位移的幅值与相位存在明显差异，这一方面是由于平稳与非平稳脉动风速的差异，另一方面是由于平稳与非平稳气动力自激力存在幅值与相位的差异。平稳与非平稳时域气动自激力如图 5 所示。由于抖振响应具有明显的随机性，需从统计学角度进一步量化抖振响应。为此，分别计算了 100 个脉动风速样本下的主梁平稳与非平稳抖振响应，并根据式(19)和式(20)分别计算了主梁平稳与非平稳抖振位移的均方根(RMS)。由于平稳抖振响应满足各态历经特性，因而其 RMS 值的计算除进行样本平均外还进行了关于时间的平均。主梁平稳与非平稳抖振位移 RMS 值的对比如图 6 所示。图

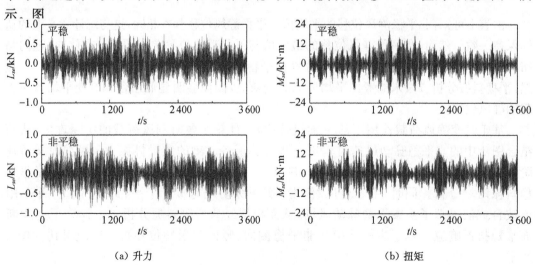

　　(a) 升力　　　　　　　　　　　　　　(b) 扭矩

图 5　平稳与非平稳气动自激力对比

中, L_{RMS}、V_{RMS}、T_{RMS} 分别表示侧向、竖向和扭转抖振位移 RMS 值。

平稳
$$x_{RMS} = \sqrt{\frac{1}{100} \sum_{j=1}^{100} \left[\frac{1}{T} \int_0^T x_j^2(t) \, dt \right]} \tag{19}$$

非平稳

$$x_{RMS}(t) = \sqrt{\frac{1}{100} \sum_{j=1}^{100} x_j^2(t)} \tag{20}$$

式中, $x_j(t)$ 为第 j 条样本 ($j=1, 2, \cdots, 100$)。

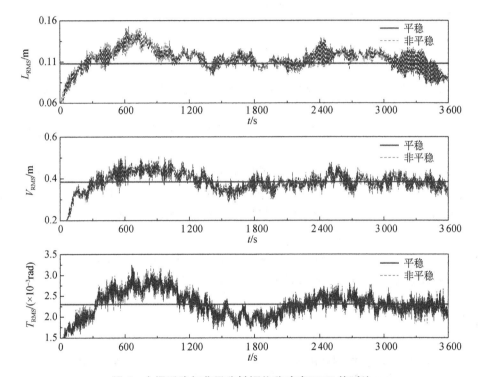

图 6　主梁平稳与非平稳抖振位移响应 RMS 值对比

由图 6 可知,非平稳抖振位移 RMS 值在平稳抖振位移 RMS 值附近波动,多个时段内的非平稳抖振位移 RMS 值明显大于平稳抖振位移。由于本文只计算了 100 条脉动风速样本下的主梁非平稳抖振位移响应,因而未能完全消除抖振位移 RMS 值的随机性,从而导致 RMS 值仍呈现一定的波动状态。该 RMS 值的波动随着样本容量的增加将逐渐消失。

虽然非平稳抖振位移响应 RMS 值存在一定的波动性,但并不影响其与平稳抖振响应的对比分析。为量化平稳与非平稳抖振响应的差异,主梁节段模型平稳与非平稳抖振位移的对比详见表 2。根据表 2,非平稳抖振位移 RMS 的均值与平稳抖振位移 RMS 值相差不大,但非平稳抖振位移 RMS 的最大值明显大于平稳抖振计算结果。在侧向、竖向与扭转方向,非平稳抖振位移 RMS 的最大值分别比平稳抖振位移大 48.5%、33.6%、39.1%。

综合静风响应与抖振响应来看,经典桥梁抖振分析方法无法考虑台风的时变效应,因而会明显低估桥梁静风位移与抖振位移。因此,对于台风这类非平稳特性明显的极端风环境,需考虑平均风荷载与脉动风荷载的瞬态效应,从而采用非平稳分析方法计算大跨度桥梁抖振响应。

表 2　主梁平稳与非平稳抖振响应对比

工况	非平稳抖振位移 RMS 值		平稳抖振位移 RMS 值
	最大值	平均值	
侧向	0.153 m	0.103 m	0.107 m
竖向	0.509 m	0.381 m	0.384 m
扭转	3.2×10^{-3} rad	2.3×10^{-3} rad	2.3×10^{-3} rad

6　结论

本文以苏通大桥主梁断面为例,开展了台风作用下大跨度桥梁非平稳抖振时域分析,所得研究结论主要包括:

(1) 通过引入二维阶跃函数,非平稳气动自激力可通过阶跃函数法进行时域化,且时变平均风速可反映记忆效应的强度。

(2) 对于苏通大桥主梁节段模型,非平稳侧向、竖向与扭转静风位移分别比平稳静风位移大57.1%、20.5%、21.7%;非平稳抖振位移 RMS 值分别比平稳抖振位移 RMS 值大48.5%、33.6%、39.1%。因此,经典桥梁抖振分析方法无法考虑台风时变效应,从而明显低估桥梁静风位移与抖振位移。

(3) 对于台风这类非平稳特性明显的极端风环境,需采用非平稳方法计算大跨度桥梁抖振响应,以充分考虑平均风荷载与脉动风荷载的瞬态效应。

参考文献

[1] 项海帆,葛耀君,朱乐东,等.现代桥梁抗风理论与实践[M].北京:人民交通出版社,2005.

[2] 陈政清.工程结构的风致振动、稳定与控制[M].北京:科学出版社,2013.

[3] 茹继平,刘加平,曲久辉,等.建筑、环境与土木工程[M].北京:中国建筑工业出版社,2011.

[4] Xu Y L, Sun D K, Ko J M, et al. Buffeting analysis of long span bridges: a new algorithm[J]. Computers and Structures, 1998, 68: 303-313.

[5] Xu Y L, Liu T T, Zhang W S. Buffeting-induced fatigue damage assessment of a long suspension bridge[J]. International Journal of Fatigue, 2009, 31: 575-586.

[6] Tao T Y, Wang H, Wu T. Parametric study on buffeting performance of a long-span triple-tower suspension bridge[J]. Structure and Infrastructure Engineering, 2018, 14(3): 381-399.

[7] Davenport A G. Buffeting of a suspension bridge by storm winds[J]. ASCE Journal of Structural Engineering, 1962, 8(3): 233-269.

[8] Scanlan R H. Action of flexible bridges under wind. 2: Buffeting theory[J]. Journal of Sound and Vibration, 1978, 60(2): 201-211.

[9] Tao T Y, Wang H, Wu T. Comparative study of the wind characteristics of a strong wind event based on stationary and nonstationary models[J]. ASCE Journal of Structural Engineering, 2017, 143(5): 04016230.

［10］Xu Y L，Chen J. Characterizing nonstationary wind speed using empirical mode decomposition［J］. ASCE Journal of Structural Engineering，2004，130(6)：912-920.

［11］McCullough M，Kareem A. Testing stationarity with wavelet-based surrogates［J］. ASCE Journal of Engineering Mechanics，2013，139(2)：200-209.

［12］Kareem A. Numerical simulation of wind effects：a probabilistic perspective［J］. Journal of Wind Engineering and Industrial Aerodynamics，2008，96(10-11)：1472-1497.

［13］Chen X Z. Analysis of multimode coupled buffeting response of long-span bridges to nonstationary winds with force parameters from stationary wind［J］. ASCE Journal of Structural Engineering，2015，141(4)：04014131.

［14］Kwon D K，Kareem A. Gust-front factor：new framework for wind load effects on structures［J］. ASCE Journal of Structural Engineering，2009，135(6)：717-732.

［15］Hu L，Xu Y L，Huang W F. Typhoon-induced non-stationary buffeting response of long-span bridges in complex terrain［J］. Engineering Structures，2013，57：406-415.

［16］Wu T，Kareem A. Revisiting convolution scheme in bridge aerodynamics：comparison of step and impulse response functions［J］. ASCE Journal of Engineering Mechanics，2014，140(5)：04014008.

沿海地区输电塔结构抗风加固技术研究

宗钟凌[1]，张鹏[1]，赵成昆[1]，林祥军[2]，朱立位[2]

(1. 淮海工学院土木工程学院，江苏连云港 222005；
2. 国网江苏省电力有限公司，江苏南京 210012)

摘　要：风灾是导致沿海地区输电塔倒塌的主要因素，采取行之有效的加固技术以提高输电塔结构抗风能力显得尤为必要。结合具体塔型结构，介绍已有输电塔结构抗风加固技术，分析实际实施过程中可能存在的技术问题，进而提出一种针对沿海地区输电塔结构的预应力体系加固技术，为输电塔结构抗风加固提供更多的技术方案选择。

关键词：风灾；输电塔；倒塌；抗风；加固

1　引言

电力系统作为国家建设和人民生活的重要组成部分，其安全问题直接影响着社会的和谐发展。大型的电网事故，不但会造成巨大的经济损失，还存在引发社会混乱的隐患。近年来，我国电网系统有许多输电塔发生倒塌事故，造成了极大的经济损失，其中风灾是导致输电塔倒塌的主要因素。中国东南沿海地区受大风影响最为严重，既有输电塔在风荷载的作用下经常发生断线、倒塌等事故，严重影响了电力输送。因此，为了保障电力的正常输送，应采取适宜办法予以解决。通常采取的办法是更换铁塔，但这种方法实施起来费用高、难度大、停电时间长。因此，研究如何采取行之有效的方法对在役输电塔进行结构加固以提升其抵御灾害的能力，是非常有必要的[1-2]。

本文结合具体塔型结构，介绍已有输电塔结构抗风加固技术，分析实际实施过程中可能存在的技术问题，进而提出一种针对沿海地区输电塔结构的体系加固技术，为输电塔结构抗风加固提供更多的技术方案选择。

2　输电塔风灾倒塌事故及原因分析

在风荷载作用下输电塔架倒塌、断线事故时有发生，如 1992 年和 1993 年，我国 500 kV 高压输电线路 2 次发生大风致倒塌事故，特别是葛双回路一次串倒七基线。2008 年的台风"黑格比"导致阳江 110 kV 平闸甲乙线大量输电塔发生倾斜甚至大量杆塔出现倒塌。2012 年的台风"韦森特"使得江门和珠海等沿海城市的输电塔破坏严重，造成了很大的经济损失。

2015 年的台风"彩虹"导致我国湛江地区电网线路的各电压等级的线路设备均发生不同程度的事故或损毁,其中港椹甲乙线、湛霞甲乙线等多条 220 kV 线路的多基输电铁塔发生倒塌事故,如图 1 所示。

2017 年的台风"天鸽"导致我国沿海电网产生了很大的经济损失。其中,珠海地区各电压等级的线路设备均因此发生不同程度的破坏。海八甲乙线、国古线、海港甲乙线等线路在此次风灾中出现许多铁塔损坏和倒塌事故的情况,如图 2 所示。

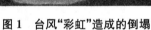

图 1　台风"彩虹"造成的倒塌　　　　图 2　台风"天鸽"造成的倒塌

近年来,历次台风或强风造成既有输电塔的倒塌,究其原因主要包括两个方面:①对于风荷载作用机理和结构动力响应特性的复杂性,存在理论认识上的缺陷和不足,设计理论的局限性和缺陷使得现有结构体系的防灾控制措施不尽合理;②我国沿海城市登陆的台风等级越来越强,而我国过去的输电塔设计规范较为落后,导致许多老旧的在役输电塔最大设计风速偏低,从而存在一定的安全隐患。

3　输电塔抗风结构加固技术

3.1　现有加固技术

目前,对于输电铁塔结构的加固,国内外的专家学者已有一些理论和试验研究,其加固方法各不相同。输电铁塔加固技术主要有两类:第一类是在输电铁塔的主材上通过各种方法附加辅助材,或直接采用另一规格的构件替换原结构中易发生破坏的薄弱构件;第二类是在输电铁塔的节间增设横隔面。

第一类加固技术属于构件层面的加固,国内外学者提出了一些具体的加固形式,周文涛等[3]提出在输电塔主材上背靠背附加 1 个相同规格(或比主材规格略小)的副主材的加固方式(见图 3),并进行了试验研究,分别考察了一字板、十字板和角钢十字连接三种形式的力学性能,结果表明:采用相同规格的角钢以双螺栓连接进行加固时效果最好。刘学武等[4]对十字型、Z 字型和 T 字型 3 种形式(见图 4)的加固构件进行了试验和有限元模拟,其中还设置了对照组,通过预加载考虑了二次受力对极限承载力的影响。

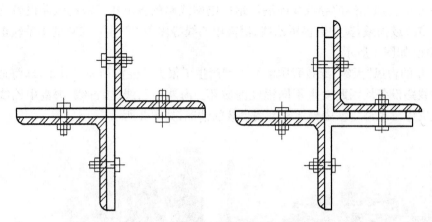

图 3 主材与副主材连接形式

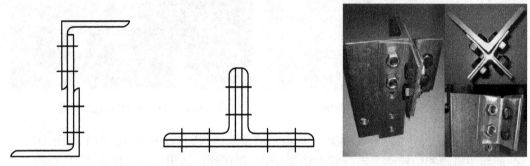

图 4 构架加固形式 **图 5 十字型螺栓连接技术**

Mills 等[5]对采用螺栓和节点板连接辅助角钢的加固方法（见图 5）进行了研究，分别对加固后的主柱角钢构件、未加固的铁塔模型、有预加载和无预加载的加固铁塔模型进行了试验研究和有限元模拟分析，并将分析结果进行了对比。研究表明，采用辅助角钢对输电塔结构的主材进行加固，能够有效分担主柱角钢承受的荷载，显著提升加固铁塔的承载能力。

第二类加固技术接近于结构体系的加固，该技术通过在输电铁塔的节间增设横隔面，增强输电塔节间的抗剪能力和整体稳定性，以提升结构整体的承载能力。Albermani 等[6]对增设横隔面后的输电塔子结构进行了试验研究和有限元分析。研究表明，增设横隔面能够有效提升铁塔的承载能力，还可改善铁塔的动力响应。赵桂峰等[7]针对输电塔线体系在紊流风场中的风振响应进行了研究，对设置了附加横隔的塔线体系和按现行规范设计的无附加横隔的塔线体系两种模型分别进行了气动弹性模型风洞试验。研究表明，导线及绝缘子的振动对输电塔线体系的影响较为明显，增设横隔面能够显著提高结构的抗风能力。

以上两类加固技术在实际输电塔抗风加固中均得到了应用，但仍然存在两个方面的问题：一是现场施工难度较大，加固施工需要对铁塔的原材料打孔或焊接，由于施工用电存在困难，这些方法对于偏远地区的工程并不适用；二是现场操作可靠性低，加固加工需要对原铁塔的受力构件进行临时拆卸以更换或添加新塔材达到加固的目的，这将使铁塔原有塔材的内力发生重分布，输电铁塔将处于非常危险的状态。因此，新的抗风加固技术有待研发，以提高加固效果和可操作性。

3.2　预应力体系加固技术

预应力体系加固技术是一种主动加固技术,采用高强预应力筋(拉索、钢丝绳、拉杆)的张拉来调整结构的应力水平和刚度,进而改善结构的受力状态。本文基于预应力主动控制的概念提出了一种用于输电塔抗风加固的预应力体系加固技术。该技术不拘泥于构件层面的局部加固,而是从输电塔结构整体抗风性能需求出发,对结构体系进行加固,同时兼顾现场加固施工的可操作性。

输电塔抗风预应力体系加固技术的设计思路如图6所示。预应力筋对称布设在四个塔腿和横隔面处。一般情况下,塔腿上的预应力筋平行于塔腿方向布置,预应力筋下端锚固于塔腿低端或混凝土基础上,上端锚固于塔腿上,中间根据加固设计需要设置若干侧向支撑点。横隔面处的预应力筋采用X形布置形式,两端锚固于塔腿上。预应力筋两端通过耳板与固定于塔腿上的抱箍进行销接锚固。抱箍与塔腿的连接不需要打孔栓接或焊接,避免了对塔腿的削弱,更便于现场施工。预应力筋的张拉可以借助U型卡、螺杆或套筒采用机械扳手完成,现场操作简便易行。

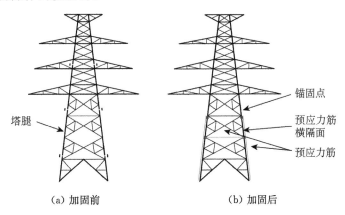

（a）加固前　　　　　　　　（b）加固后

图 6　预应力体系加固技术示意

输电塔抗风预应力体系加固技术所增加的预应力筋,可以随着塔结构在水平风荷载作用下的变形进行内力调整,塔腿上的预应力筋主要控制塔腿的应力状态,提高塔在水平风荷载下的整体抗倾覆能力,横隔面处布设的预应力筋则主要用于提高塔身的抗扭能力,降低水平风荷载引起的扭转效应的不利影响。

4　结论

本文基于近年来风灾造成输电塔倒塌实例的分析与现有抗风加固技术的归纳总结,提出了一种新型的输电塔抗风预应力体系加固技术,该技术不拘泥于构件层面的局部加固,而是从输电塔结构整体抗风性能需求出发,对结构体系进行加固,同时兼顾现场加固施工的可操作性,具有较好的应用前景。

参考文献

[1] 肖琦,李卓,郭校龙.沿海地区输电铁塔抗风加固研究[J].黑龙江电力,2013,35(2):100-102.

［2］李宏男,白海峰.高压输电塔-线体系抗灾研究的现状与发展趋势[J].土木工程学报,2007,40(2)：39-46.

［3］周文涛,韩军科,杨靖波,等.输电铁塔主材加固方法试验[J].电网与清洁能源,2009,25(7):25-29.

［4］刘学武,夏开全,高燕,等.构件并联法加固输电塔的试验研究及设计建议[J].西安建筑科技大学学报（自然科学版）,2011,43(6):838-844.

［5］Mills J E, Ma X, Yan Z. Experimental study on multi-panel retrofitted steel transmission towers[J]. Journal of Constructional Steel Research, 2012, 78(6):58-67.

［6］Albermani F, Mahendran M, Kitipornchai S. Upgrading of transmission towers using a diaphragm bracing system[J]. Engineering Structures,2004,26(6):753-754.

［7］赵桂峰,谢强,梁枢果,等.高压输电塔线体系抗风设计风洞试验研究[J].高电压技术,2009,35(5)：1206-1213.

基于检监测数据的运维期桥梁评估体系研究与应用

徐一超[1]，张宇峰[2]，王　浩[3]

(1. 在役长大桥梁安全与健康国家重点实验室,江苏南京,211112;

2. 苏交科集团股份有限公司,江苏南京,211112;

3. 东南大学土木工程学院,江苏南京,210096)

摘　要：本文研究内容以桥梁运营期检监测数据为基础,通过研究健康监测数据在桥梁技术状况评定、运营管理、养护维修中的应用,有机结合桥梁健康监测系统的动态数据与养护管理系统的静态数据,同时参照现有的公路桥梁技术状况评定标准,试着提出融合实时监测信息和日常养护内容的桥梁结构状况评定方法。最后以大位移伸缩缝人工外观检查与监测指标结合为例形成了相应的评估体系。

关键词：检监测数据；运维期桥梁；评估体系；监测指标

1　引言

桥梁在建造和使用过程中,受各种外来因素作用,从而导致结构各部分在远没有达到设计年限前就不同程度地损伤和劣化。这些损伤如不能及时得到维护和维修,不仅会影响行车的安全,缩短桥梁的使用寿命,甚至会导致桥梁的突然破坏和倒塌。因此,为保证交通运输的安全畅通,及时对桥梁结构的健康状态进行监测与评估,加强对桥梁的维护管理工作极为重要。交通运输部办公厅 2007 年 7 月 2 日印发的《公路桥梁养护管理工制度》(交公路发〔2007〕336 号)中第二十四条第(三)项明确要求:"对特别重要的特大桥,应建立符合自身特点的养护管理系统和健康监测系统。";2013 年 5 月 20 日印发的《交通运输部关于进一步加强公路桥梁养护管理的若干意见》(交公路发〔2013〕321 号)中提道:"特大、特殊结构和特别重要桥梁的养管单位,要利用现代信息技术,建立符合自身特点的养护管理系统和健康监测系统。"因此,建立大型桥梁健康监测与养护管理系统,实时掌握大型桥梁结构运行状况,既是国家政策及相关技术标准的要求,更是确保结构安全的需要。

但是,目前桥梁健康监测系统数据和养护管理系统数据各自独立,健康监测系统数据和养护管理数据之间无法建立有效沟通机制和相互校验程序,导致数据利用率低,数据繁多且无用[1]。同时关于桥梁结构状态评定,桥梁养护管理系统有明确的参考标准——《公路桥梁技术状况评定标准》(JTG/T H21—2011)。根据不同桥型的部件类型制定评定细则,将评定指标进行细分并提出了量化标准,提出了 5 类桥梁技术状况单项控制指标。而桥梁健康监测系统虽然每天都会采集大量数据,但在基于采集数据的结构状态评估方面缺乏规范标准的支撑，没有统一明确的评分方法和细分准则。目前桥梁检监测信息相互隔断，欠缺数据的重复利用，状态评估时更是缺乏数据互用性，因此有必要研究提出一套基于检监测数据的运维期桥梁评估体系，实现桥梁养护信息的集成与共享，为桥梁的养护决策提供支撑。

2　运维期桥梁管养系统研究现状

自 1940 年美国 Tacoma 悬索桥发生风毁事故以后，桥梁结构安全监测的重要性就引起了人们的注意。但由于受科技水平限制和人们对自然认识的局限性，早期的监测手段比较落后，在工程应用上一直没有得到很好的发展。20 世纪 80 年代中后期，欧美一些国家明确提出了结构健康监测的新理念，并先后在许多重要的大跨度或结构体系新颖的桥梁上建立了健康监测系统。我国自 20 世纪 90 年代中期开始桥梁健康监测方向的研究，并且在国家科学技术委员会、国家自然科学基金委员会的多个项目的支持下，在大型桥梁结构病害调查、传感器最优布点、结构损伤识别、系统识别、结构剩余可靠度评定、桥梁结构理论模型修正以及斜拉桥结构环境变异性等方面开展了深入的研究。我国国内目前已在包括江阴长江大桥、南京长江二桥、润扬长江大桥、郑州黄河大桥、钱江四桥、芜湖长江大桥等众多大跨径桥梁上建立了不同规模的结构健康监测系统。据不完全统计，我国安装健康监测系统的桥梁已经超过 300 座[2]。但是目前国内外已经建立的大跨桥梁结构健康监测系统很多仅仍限于数据的采集、保存，而在对监测数据进行科学管理、合理的桥梁评估指标的建立、结构健康状态诊断体系的建立、应用监测数据对桥梁健康状况进行系统评估等方面的研究与应用尚明显不足。系统的可靠性、长期稳定性、维修性等方面也存在问题。

桥梁养护管理系统是指基于桥梁结构、病害、巡检、检测、评定和数据采集技术，运用计算机数据处理功能、评价决策方法和管理学理论，实现对桥梁数据管理、状况登记、评价分析和养护决策等功能的一套综合管理系统[3]。1968 年，美国国家桥梁状况数据库（NBI）建立，标志着世界上第一个桥梁管理系统的诞生。随后美国国家桥梁检测标准（NBIS）颁布，该标准要求对全美 6.1 m 以上桥梁进行资产管理，并要求至少两年一次由专人进行桥梁定期检查，美国由此进入了规范化桥梁管理阶段，由联邦公路总局（FHWA）来负责公路桥梁的管理与运营。在美国官方的资助下，两个著名的桥梁管理系统——PONTIS 和 BRIDGIT 应运而生。丹麦桥梁养护管理系统（DANBRO）是欧洲比较典型的桥梁管理系统。DANBRO 系统的目的是通过对桥梁定期检查和维护，使桥梁处于最佳的技术状态，保证安全使用，保护桥梁的价值。交通部的中国公路桥梁管理系统（CBMS）的研究始于 1986 年，该系统采用 SQL/Server 网络数据库、集成了地理信息系统（GIS），主要包括数据管理子系统、统计查询子系统、桥梁评价子系统、费用模型子系统、维修计划子系统以及 GIS 功能子系统共六个子系统。但是，由于我国桥梁管理系统起步较晚，管理经验与历史数据相对较少，由目前我国桥梁管理系统发展来看，在桥梁的管理体系、桥梁检测评估方法与预测决策的研究等方面都有不足。尤其是针对大跨度桥梁的养护管理系统，其基本思想沿袭中小桥梁的养护管理思路，主要表现在：桥梁的评估方法单一，缺少多种检测手段及其相应的评估方法研究，对于桥梁的退化预测分析研究尚处于起步阶段，没有针对单独桥梁进行相应的病害诊断和维修决策分析，桥梁维修费用优化分析也尚未应用到实际系统中，等等。

3 运维期桥梁检监测数据融合与应用

已有的桥梁健康监测系统大多是独立建立的,而桥梁养护管理系统也是独立建立的。在实际的桥梁日常运营管理和养护过程中,一方面,传统的桥梁养护管理系统主要依赖于常规的人工目测以及便携式仪器测量等传统的巡检养护措施得到的信息,但人工检查方法在实际应用中具有一定的局限性;另一方面,虽然很多大跨度桥梁通过 SHM 系统取得大量数据,但由于系统规模以及传感器布设等方面的限制,仅依靠实时监测系统采集的数据而对结构进行评估是不完整的,同时,由于对桥梁结构在复杂环境及荷载作用下的响应的认识和经验不足,难以给出准确有效的预警模式[1]。因此,必须将传统的巡检养护措施与先进的 SHM 系统有机结合,以消除现存检测和监测方法中的诸多不足。例如,混凝土裂缝的监测主要通过巡检养护系统来实现,力求把损伤控制在萌芽阶段,而不是在损伤发展到明显影响结构内力状态(监测系统能识别到)时才发现;而结构的内力状态监测则主要通过自动化的 SHM 系统采集数据并加以分析来实现,以实时监测桥梁结构的运营状态并评价其健康状况。这两个系统都是为了对桥梁结构做出合理的健康状态评估,以指导桥梁的养护和维修,保障结构的安全性以及桥梁的正常运营。桥梁养护管理应以日常巡检养护管理系统作为重点,但同时应重视 SHM 系统的作用(见图 1)。

养护管理系统以巡查、经常检查、定期检查、特殊检查为基础,应用运筹学、计算机技术等先进技术而开发的符合每一座桥梁自身结构特点管理理念的管理系统。其采集的数据是日常静态数据。结构健康监测系统实现桥梁动态运营监测,直接影响着整个大桥的安全运营与管理,考虑到养护管理系统与结构健康监测系统数据量比较大,系统需要分析桥梁

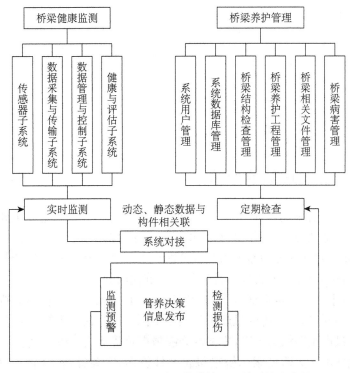

图 1　桥梁健康监测系统与养护管理系统对接内容图

的养护需求,研究开发健康监测系统与养护管理系统的接口,来完成两个系统的数据处理,以及敏感监测指标与检查指标的对比分析,并将监测分析结果与结构检查结果比较,及时反映桥梁各主要构件的技术状况,从而对大桥的安全性进行评估。

对于大跨桥梁进行结构状态评估,采用"传统经验法"(由有经验的工程技术人员进行评估)存在主观因素大、个体评估有偏差、对工程人员技术要求高等不足,同时常用的评估体系和方法对于特大桥梁没有"量身定做",不具有普适性[4]。因此本文提出以管养系统为主,健康监测系统提供必要的数据为管养评价系统服务,建立基于检监测数据的桥梁评估指标体系,并制定启动不同管养措施的方案。其中,健康监测系统中监测的索力、主梁位移、支座伸缩缝位移等监测指标应加入评估体系中,其中对于受到温度影响的监测指标应做温度趋势消除(见图2)。

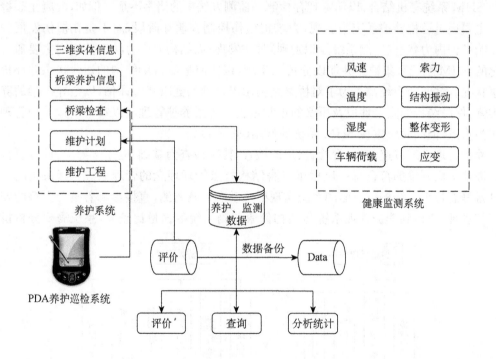

图2 监测测数据融合示意图

4 桥梁检监测评估体系建立

综合考虑桥梁检监测数据,以人工检查、健康监测数据为基础,建立大跨径缆索承重桥梁的多源信息局部评估模型。同时将评估指标分为定性指标和定量指标,确定各指标的评估标准,以桥梁技术状况评分和监测指标报警次数作为性能指标建立基于构件的桥梁预防性养护体系,对桥梁养护维修、管理系统进行了标准化研究。

《公路桥梁技术状况评定标准》(JTG/T H21—2011)根据发生在不同构件的各种病害对桥梁影响程度不同,每种病害的最严重等级也不同。病害最严重等级分为3级、4级、5级(例如:蜂窝麻面最严重等级为3级,主梁的裂缝最严重等级为5级)。最后将评定指标进行细分并提出量化标准。大跨度索承桥梁包含部件较多,需要针对不同的部件,进行局部评估,分别确认其健康状况。结合健康监测数据,一旦病害达到阈值,需要启动相应的养护措施,如人工检查、详细检查、现场测试或补充数值模拟分析等。

以伸缩缝为例,对于大位移伸缩缝而言,判断其是否损坏的主要标准除了外观检查中可以发现的一些明显病害外,还在于评定其运动形态是否正常,即其运动是否平滑、顺畅,是否有运动中的滞涩和阻碍现象。参照国内外规范中对伸缩缝伸缩量的计算公式普遍观点为其伸缩量主要包括温度伸缩、梁体混凝土干缩、梁体徐变伸缩、梁体竖向变形引起的伸缩和车辆冲击伸缩几部分,其中温度伸缩是上述伸缩量影响因素中的最主要部分,故可作为反映伸缩缝工作状态的一个重要评判指标。结合考虑桥梁的安全性、适用性和耐久性,将伸缩缝的监测数据指标应用于伸缩缝状态评估中去。①安全性:采用线性回归方法建立桥梁伸缩缝平均纵向位移(10 min平均值)与主梁截面有效温度(10 min平均值)之间的相关性模型,并考虑0.95的置信区间,判断由主梁引起的伸缩缝平均位移的值是否超过伸缩缝的设计值,并将其设定为预警阈值。②适用性:初步比较伸缩缝平均位移的日波动走势与主梁截面有效温度的日波动走势,判断其一致性;分析伸缩缝平均位移和转角的波动曲线的光滑性;若一致性、光滑性较差,则伸缩缝可能受到某种因素的阻碍而存在异常,比如伸缩缝因滑块磨损严重而经常卡死的现象。③耐久性:分析伸缩缝的累计位移,判断伸缩缝的耐久性。结合《公路桥梁技术状况评定标准》,对伸缩缝的三性(安全性、适用性、耐久性)进行评定等级的划分,划分为5级不同等级,并将其融入大跨径悬索桥和斜拉桥养护规范中,将伸缩缝人工外观检查与监测指标结合并重新分配伸缩缝的权重(见图3)。

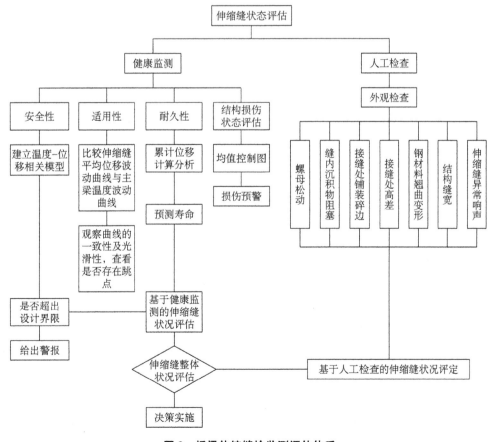

图3　桥梁伸缩缝检监测评估体系

5 结论

综上所述，针对目前长大桥梁健康监测系统与养护管理系统在运营期应用存在的不足，本文开展长大桥梁健康监测系统与养护管理系统一体化研究，实现桥梁健康监测系统的动态数据与养护管理系统的静态数据的有机结合，同时参照现有的公路桥梁技术状况评定标准，试着提出融合实时监测信息和日常养护内容的桥梁结构状况评定方法，最终实现桥梁健康监测系统与养护管理系统评价指标体系一体化。

参考文献

［1］聂功武，孙利民.桥梁养护巡检与健康监测系统信息的融合［J］.上海交通大学学报，2011(s1)：104-108.

［2］Guo T, Li A Q, Song Y S. Experimental study on strain and deformation monitoring of reinforced concrete structures using PPP-BOTDA［J］. Science in China Series E: Technological Sciences,2009,52 (10)：2859-2868.

［3］黄侨，任远，许翔，等.大跨径缆索承重桥梁状态评估的研究现状与发展［J］.哈尔滨工业大学学报，2017,46(9):1-9.

［4］王建强.结合人工巡检的桥梁健康监测系统关键技术研究［D］.西安：长安大学,2011.

第二部分

苏北沿海林场建设案例及防风功效数值分析

荀　勇[1]，周公矿[2]

(1.盐城工学院,江苏盐城 224051;2.江苏景然生态建设集团有限公司,江苏盐城 224001)

摘　要：本文列举了苏北盐城市东台、大丰、射阳三个区域的沿海林场建设经验,分析了我国学者在林场防风功效数值模拟方面所取得的成绩,提出了进一步强化苏北沿海林场建设的建议。

关键词：林场建设；沿海防护林；防风功效

1　引言

植树造林对于减少风沙灾害有明显的功效,国内已有部分学者对该问题进行理论研究。通过这些已发表文献的检阅分析,我们认识到成片林场能够降低风速的 20%～50%。

2　苏北沿海林场建设案例之一:东台黄海森林公园

黄海森林公园是一颗镶嵌在盐城南部沿海的"绿宝石",它东依黄海、228 国道,西枕连通高速和新长铁路,全境地势平坦,四季分明。作为建设国家沿海防护林和国家生态公益林体系典范之作,黄海森林公园屡受国家林业局和省、市林业主管部门的充分肯定。从野草遍地的盐碱荒滩,到碧浪万顷的绿色林海,黄海森林公园只有区区 50 年发展历程。几代人艰苦创业,造就了江苏面积最大的生态林园,逾六万亩的林海,成为一笔可以流传千古的宝贵财富。6.8 万亩(45 km²)占地面积,方圆数十里范围内无污染工业企业,空气清新怡人,空气中负氧离子含量高达 3 832 个/cm³。生态林园蔚为壮观,江苏沿海堪称唯一。植物种群 250 多种,鸟类种群近 240 种。生态净土生机盎然,人与自然和谐共生。

3　苏北沿海林场建设案例之二:大丰沿海林场

大丰沿海林场于 2014 年初开始了有组织的建设工作。起初的林场土地是土壤层0.2 m 厚度内可溶盐含量大于 0.9%的盐渍土(大于 0.1%的土壤就是盐渍土)。大丰沿海开发集团委托扬州大学园艺与植保学院,通过对土壤、水系等自然立地条件的综合分析,研究制定了沿海林场建设规划。同时,组织人员对各区域进行实地测量、数据搜集、编制林地改造和栽植工作方案。植树人员在开挖的树塘里垫上一层厚厚的秸秆,然后再铺上肥料、熟土,将苗扶正填实。在栽好的苗木根部,会另外加铺一层秸秆。通过筑高垄为苗木搭起了高高的苗床,既方便了洗盐爽碱,又防止了雨涝灾害。他们与江苏省林业科学研究院合作开展 800 亩新技术、新品种、新模式林业"三新"工程项目,建设林业"三新"工程项目技术推广基地;并与国家林业局竹资源培育中心合作建立耐盐竹种培育示范基地,成功引进 30 多个竹子品种。在成片大面积造林工程中,一方面,抓好苗木生长的常态管护,即草害防治、追肥育苗、病虫害防治、水分调控等技术措施;另一方面,通过工程技术、生物技术等方法,降盐降碱,改良土壤,确保植树成林,取得了盐碱地植树一系列技术成果。目前已经完成了万亩造林任务。

4 苏北沿海林场建设案例之三:射阳三大林场

射阳县重点建设三大万亩林场,即:金海林场、日月岛万亩生态绿色廊道、靶场万亩滩涂生态林场。金海林场在已有成片林的基础上,对新增林地科学规划,引进新品种、新技术,2018 年年内新增成片林 2 000 亩、改造提升 2 000 亩,总规模超万亩。该县全力打造日月岛万亩生态绿色廊道,2018 年年内确保完成 2 300 亩。靶场万亩滩涂生态林场是射阳县 2018 年新发展的一个沿海万亩林场,现已经完成实地规划、设计、选择树种、工程化造林办法确定等工作,2018 年年内实现了首期造林面积达 2 000 亩,计划 3 年超万亩。

5 沿海林场建设的作用

沿海防护林,简称"海防林",是指沿海以防护为主要目的的森林、林木和灌木林。从它的功能和作用上看,沿海防护林体系不仅具有防风固沙、保持水土、涵养水源的功能,对于沿海地区防灾、减灾和维护生态平衡起着独特而不可替代的作用。总的来说,沿海林场建设有如下四个方面的巨大作用:一是对防御海啸和风暴潮等自然灾害的作用巨大;二是在保持水土和涵养水源方面作用巨大;三是在防风固沙和保护农田方面作用巨大;四是在吸储二氧化碳等温室气体和减轻城市污染灾害方面作用巨大。

6 林场防风功效数值模拟研究综述

森林植被可以增加地表空气阻力,降低风速,改变局部的风向。然而,林带的防风功效既与林带结构因子(如:林带结构类型、透风系数、截面形状、高宽度)等有关,也受地面状况和天气等因素的影响。从 20 世纪 80 年代起,中外学者就开始了林带防风功效的研究工作[1-2]。我国学者张翼等于 1986 年发表了有关林网防风效应和防风区风速数值模拟的研究论文[3-4];宋兆民等对林带防风效应也做了模拟试验研究[5-6]。我国国家气象局气象科学院农业气象研究所高素华等,于 1989 年在日本北海道大学环境研究科风洞试验室进行"单因子对不同透风系数以及幅宽对林带的防风效能的影响"的风洞试验,并且利用不同透风系数、不同幅宽的资料,对林带迎风面及背风面的水平风速进行了数值模拟[7]。2012 年,中国林业科学研究院董毅完成了《沿海防护林防风效应数值模拟研究》硕士论文,该文以上海浦东新区沿海水杉防护林体系为研究对象,通过野外调查水杉防护林网群落结构特征,采用 Wilson 提出的动量汇原理对水杉群落各项结构特征参数进行数值化处理,并利用计算流体力学(Computional Fluid Dynamics,CFD)FLUENT 软件包,分别对不同宽度、不同复层结构、不同布灌方式水杉林带和水杉林网防风效能进行数值模拟,探讨各种不同结构林带防风效能差异,分析气流在经过多条林带组成的水杉林网时变化规律,为沿海防护林体系构建与经营管理提供一定的理论依据[8]。

通过对国内学者林场防风功效的研究成果分析,我们建议江苏沿海地区应当进一步强化苏北沿海林场建设,减少沿海地区风灾。

参考文献

[1]朱廷耀.林带防风作用的实验研究[C]//中国科学院林业土壤研究集刊(第五集).北京:科学出版社,1981.

[2]北海道防风林研究会.北海道の耕地防风林と牧野林(研究报告)[R],1983.

[3]张翼,宋兆民,卫林.林网中的风速分布规律和防风效应[J].中国科学,1986(9):54-62.

[4]张翼.林带迎风防护区中风速分布的模拟研究[J].科学通报,1986,31(13):1015-1015.

[5]宋兆民,孟平,张翼.林带的透风度与林网的防风效应[J].林业科学,1987,23(4):398-405.

[6]宋兆民,张翼.林网方位与防风效应野外模拟试验研究[J].林业科学研究,1989(1):71-77.

[7]高素华,宋兆民,高桥英纪.林带的防风效能及数字模拟[J].林业科学,1991,27(5):550-554.

[8]董毅.沿海防护林防风效应数值模拟研究[D].北京:中国林业科学研究院,2012.

高耸结构 TMD 减振参数多目标优化设计

陈　鑫[1]，史佩武[1]，王　浩[2]，夏志远[1]

(1. 苏州科技大学江苏省结构工程重点实验室，江苏苏州 215011；
2. 东南大学土木工程学院，江苏南京 210096)

摘　要：长期风荷载作用下的柔性高耸结构易产生舒适度和疲劳损伤问题，合理设计减振装置以减小风振响应是提升高耸结构使用和安全性能的合理措施之一。本文围绕高耸结构 TMD 减振控制的设计方法，首先，根据高耸结构和 TMD 的特点，建立了高耸结构环形 TMD 控制的动力学模型，并编制分析程度；其次，基于多目标遗传算法 NSGA-II (Non-dominated Sorting Genetic Algorithm II)，以 TMD 刚度、阻尼系数和阻尼指数为设计变量，以结构响应和阻尼器行程为目标，建立了高耸结构 TMD 减振多目标优化设计方法；最后，针对某高耸结构，编制程序对其进行了 TMD 参数优化设计的研究。研究表明，该方法是一种高效的优化算法，设置种群数和进化代数为 30 以上，即能够在满足约束条件的前提下快速、有效地得到 Pareto 最优解集。

关键词：高耸结构；多目标优化；风荷载；TMD

1　引言

高耸结构具有结构柔、质量轻、阻尼小等特点，因此这类结构通常对风荷载比较敏感：强烈的风致振动常常难以满足人体舒适度的要求；有时甚至无法维持结构的正常使用；同时长期交变应力的作用，易使结构形成疲劳裂纹，从而影响使用寿命。传统的抗振结构体系是通过增强结构本身的性能来"抗御"风荷载作用，即通过增强结构构件的抗力、增加延性等措施减小结构反应，但是这种方法存在着安全性、适应性和经济性欠佳的局限。结构振动控制技术的出现为解决上述问题提供了一条可行的途径。其中，调谐质量阻尼器 (Tuned Mass Damper, TMD)由于其经济、简单易行以及可兼做多用途等特点成为在结构风振控制领域内应用较多的技术之一[1]。

2　分析模型的建立

2.1　工程背景

某钢烟囱具体参数如下：II 类地面(相当于我国规范的 B 类粗糙度)，高 90 m，外径

2.3 m，内部管道直径 2.0 m，内部管道厚度 3 mm，具体各标高处截面厚度如表 1 所示。主结构（外筒）重 50 080 kg，内筒重 13 592 kg，隔离材料重 4 954 kg，其余构件重 9 628 kg，阻尼器重 1 246 kg，结构总重 795 00 kg。在高度为 30 m、55.2 m 和 82.2 m 处为螺栓连接，螺栓为 8.8 级，强度为 800 MPa。结构主要材料为钢材，屈服强度为 355 MPa，弹性模量为 210 000 MPa。计算时，取结构阻尼比为 0.003。

表 1　钢烟囱截面厚度

高度/m	截面厚度/mm
0~5	18
5~12.5	16
12.5~20	14
20~30	12
30~42.6	10
42.6~55.2	8
55.2~90	6

2.2　高耸结构动力学模型

根据高耸结构的特性[图 1(a)]，可将结构等效为具有 n 个自由度的简化模型，如图 1(b)所示：$l_1, l_2, \cdots, l_i, \cdots, l_n$、$m_1, m_2, \cdots, m_i, \cdots, m_n$、$c_1, c_2, \cdots, c_i, \cdots, c_n$、$k_1, k_2, \cdots, k_i, \cdots, k_n$ 和 $P_1, P_2, \cdots, P_i, \cdots, P_n$ 分别为自由度间距、质量、阻尼、刚度和施加于质点的外荷载。其动力方程可表示为：

$$[M]\{\ddot{y}(t)\} + [C]\{\dot{y}(t)\} + [K]\{y(t)\} = \{P(t)\} \tag{1}$$

其中，$[M]$、$[C]$、$[K]$ 分别为等效多自由度的质量、阻尼和刚度矩阵；$\{P(t)\}$ 为外荷载向量；$\{y(t)\}$ 为质点位移向量。对于安装了 TMD 的高耸结构，其体系的动力学方程可以表示如下：

$$[M]\{\ddot{y}(t)\} + [C]\{\dot{y}(t)\} + [K]\{y(t)\} = \{P(t)\} - [H]\{F_{\text{TMD}}(t)\} \tag{2}$$

3　TMD 参数优化设计

设计变量为频率比 λ 和阻尼比 ξ_d。该优化问题的优化目标为：结构顶点位移和 TMD 相对位移，考虑优化目标数值量级上可能存在的不一致性，对优化目标进行归一化，同时考虑均转换为最小化问题，将目标转化为（1−衰减率）（1−β_1）和 TMD 相对位移与原结构顶点位移的比值（Displacement Ratio，β_2）[2]。进化过程中个体间平均距离的变化和最终得到的 Pareto 前沿面如图 1 所示。

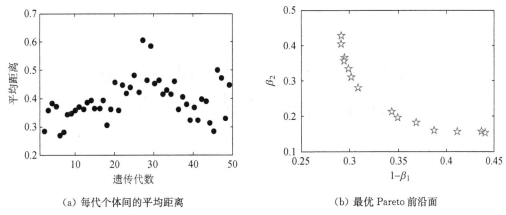

(a) 每代个体间的平均距离   (b) 最优 Pareto 前沿面

图 1　基于 NSGA 的 TMD 结构体系优化结果

4　结论

基于多目标遗传算法的减振优化设计方法能够应用于高耸结构的风振控制,优化的结果与选择的种群数和遗传代数有关。针对环形 TLD 风振控制设计这一问题,通常选取种群数和遗传进化代数为 30 以上即能得到令人满意的优化结果。

参考文献

［1］李爱群,瞿伟廉,程文瀼.南京电视塔风振的混合振动控制研究[J].建筑结构学报,1996,17(03):9-16.

［2］王晓明,贺耀北,李瑜,等.基于并行 NSGA-Ⅱ算法的桥梁网络养护策略优化[J].土木工程学报,2012,45(1):86-91.

降雨条件下双波段风廓线雷达
垂直气流探测数据分析

艾未华[1]，冯梦延[1]，陈冠宇[1]

（1.国防科技大学气象海洋学院 江苏南京 211101）

摘 要：风廓线雷达主要以大气湍流为探测目标，实时获取大气风场等气象要素。由于所处频段不同，不同波段的风廓线雷达对降雨的敏感程度也不一致。因此，深入研究降雨对不同波段风廓线雷达数据和产品的影响，对风廓线雷达产品质量提高以及多部风廓线雷达联合观测等业务应用都具有重要意义。本文以 2016 年 6 月 CFL-03 型边界层风廓线雷达和 CFL-20 型平流层风廓线雷达同步观测数据为对象，研究对比分析了降雨条件下两部不同波段雷达垂直气流探测数据特性。研究发现，晴空条件下两部风廓线雷达的垂直气流具有较好的一致性；在降水条件下 CFL-20 型雷达的垂直速度在 1 m/s 左右，未受降水的影响，而 CFL-03 型雷达受降雨影响严重。

关键词：边界层；平流层；风廓线雷达；垂直气流；数据分析

1 引言

大气垂直气流是由于热力场不均匀性造成的空气抬升或下沉，是天气分析和数值预报中必须考虑的一个重要物理量，对于雷电、暴雨、龙卷风、冰雹和台风等强对流天气的发生有重大影响，是重要天气动力因子之一。大气的垂直运动速度一般较小，很难直接测量，大多采用间接计算方法。风廓线雷达是一种无球高空气象探测设备，能够连续提供水平风场、垂直气流以及温度等气象要素随高度的分布，其探测资料具有时空分辨率高、连续性和实时性好的特点[1]。

研制风廓线雷达的最初目的是用于晴空高空气象要素探测，但大量研究表明，风廓线雷达对降雨较敏感。这是由于风廓线雷达动态范围较大，可以同时探测到湍流回波和降雨回波[2]。在有降雨发生时，降雨粒子的垂直下落速度会使信号谱发生较为明显的变化，导致速度、谱宽等物理量明显增大，使其产品出现较大误差，不能直接反映垂直气流的运动情况，限制了数据资料的运用。降雨干扰是影响获取真实垂直气流信息的重要误差源，因此必须有效抑制下落雨滴回波对探测结果的影响。

本文利用 CFL-03 型边界层风廓线雷达和 CFL-20 型平流层风廓线雷达的同步观测数据资料（本次研究选取 1 500～4 000 m 高度数据），分析两部不同波段雷达同步观测的垂直气流速度受降雨影响的情况,为风廓线雷达资料的使用和雷达信号处理算法的研究提供支撑。

2　试验雷达

试验所用的 VHF 波段 CFL-20 型平流层风廓线雷达和 L 波段 CFL-03 型边界层风廓线雷达均由中国航天科工集团二院 23 所研制。其中,CFL-03 型边界层风廓线雷达采用固态有源相控阵技术,能够不间断地提供 60 m～3 km 高度范围内的大气水平风场、垂直气流以及大气折射率结构常数(C_n^2)等气象要素随高度的分布[3],为天气预报、数值预报、强对流天气临近预报与气象灾害抢险决策提供实时探测数据,广泛应用于机场风切变预警、近地面大气边界层研究、风灾预警和环境气象监测。CFL-20 型平流层风廓线雷达采用全相参脉冲多普勒体制,全固态分布式有源相控阵天线、中频数字接收机、相位编码脉冲压缩、可编程数字信号处理器和远地遥控操作等新技术,能以高时空分辨率,连续提供 30 km 探测高度范围内的大气水平风场、垂直气流等气象要素随高度的分布以及湍流起伏等气象信息。

3　风廓线雷达数据对比与分析

选用 2016 年 6 月 20 日时空匹配的地面自动站降雨量资料与两部风廓线雷达垂直速度资料进行比对分析。图 1 为 CFL-03 和 CFL-20 在海拔高度为 2 km、3 km 和 4 km 的垂直速度的平均值。晴空条件下,两部雷达的各高度层垂直气流速度吻合很好,说明未降雨时 CFL-03 和 CFL-20 探测垂直气流速度的可信度都很高,性能稳定。

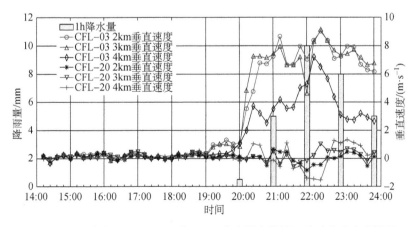

图 1　小时雨量与 2 km、3 km 和 4 km 高度风廓线的平均垂直速度比较图

但是在降雨发生后,两部雷达的观测结果有明显区别。CFL-03 型边界层风廓线雷达在降水发生前一小时左右,低空先于降雨出现正的垂直速度(朝向正面为正速度),且 4 km 高度的垂直速度增幅小于 2 km、3 km 的。降雨的出现与下沉速度相对应,降雨前有弱的下沉速度;在 3 km 附近有一个明显的垂直速度大梯度区,可知该区域可能是零度层的高度。整个降雨阶段垂直速度 3 km 以下随高度有较大的变化,强降雨阶段,先在 3 km 左右达到最大值,向下逐渐又转小,之后最大速度向下传递,22 时又发生一轮强降水,零度层在 4 km 以上,可以看到此时 4 km 的平均垂直速度突然增大,随后向下传递。这一系列变化可能与雨滴的变化有关,如雨滴变形、破碎等影响了雨滴的下落速度。但在此过程中,CFL-20 型平流层风廓线雷达垂直气流速度的探测值没有出现明显的变化。

4 结论

本文利用 CFL-03 型边界层风廓线雷达和 CFL-20 型平流层风廓线雷达同步观测数据分析了降雨条件下垂直速度情况。研究发现,两部雷达在晴空条件下探测的一致性很高,性能稳定;在降雨阶段,CFL-03 受降水粒子影响,探测数值增大,而 CFL-20 几乎不受影响,由于降雨过程会出现强烈的上升气流或下沉气流,故 CFL-20 探测的垂直速度会出现正负波动。本文的研究结论可为降雨条件下 L 波段风廓线雷达垂直速度质量控制提供依据。

参考文献

[1] 何平.相控阵风廓线雷达[M].北京:气象出版社,2006.

[2] Kumar K K, Jain A R, Rao D N. VHF/UHF radar observations of tropical mesoscale convective systems over southern India[J]. Annales Geophysicae, 2005,23:1673-1683.

[3] Wei-hua A I, Shu-rui G E. Planetary boundary layer height measured by a wind profiler based on the wavelet transform[J]. Journal of Tropical Meteorology, 2017(4):396-407.

龙卷风模拟及对低矮房屋的破坏分析

张静红[1]，苟　勇[1]

（1.盐城工学院土木工程学院，江苏盐城 224001）

摘　要：2016 年 6 月 23 日,盐城阜宁发生了级别为 EF4 的龙卷风,其速度最高达到了 73 m/s 以上,对阜宁县及其附近地区的建筑造成惊人的破坏,并导致 98 人死亡,近 200 人重伤,给当地造成了重大的人员伤亡和财产损失。

为了分析龙卷风对建筑的破坏机理,首先对低矮房屋周围的龙卷风流场进行了流体动力学仿真,然后将房屋模型的压力载荷传递到低矮房屋的有限元模型上,通过对房屋的变形和应力分析得到:①龙卷风内部的负压是造成建筑门窗破碎原因;②近地面强烈的湍动能、垂向脉动强度将造成房舍等发生振荡破坏,且建筑碎屑四处飞溅的后果;③显著的垂向气流将造成大质量物体或碎屑飞上高空或抛向离建筑较远的地方。龙卷风模拟和房屋变形的分析结果,将对今后进行极端风载荷下的建筑设计具有一定的参考作用。

关键词：龙卷风模拟；极端风载荷；低矮房屋；有限元模型

1　引言

2016 年 6 月 23 日,盐城阜宁发生了级别为 EF4 的龙卷风,其速度最高达到了 73 m/s 以上,导致 98 人死亡,并有近 200 人重伤。该龙卷风对包括阜宁板湖镇在内的 7 个镇区 22 个村(居)的建筑造成了巨大的破坏,造成了重大的人员伤亡和财产损失。然而,现有资料很难重现龙卷风发生时对低矮房屋的损坏过程。本文采用龙卷风流体动力学仿真再次重现出龙卷风发生时的流场状况,建立了低矮房屋的有限元模型,并通过压强荷载传递对低矮房屋的有限元模型进行了模拟,获得了门窗玻璃、外墙和屋顶的变形和应力特征,为进一步进行建筑的破坏机理研究奠定了基础。

2　龙卷风建模

本文龙卷风发生的物理模型采用自然状态的龙卷风模型[1],包括入口风嘴、入流区域和出流区域三个部分。具体为:入口数量 16 个,入口宽度 5 m,入口高度 200 m;出流区域为 100 m,出流半径为 50 m;风速入射角为 60°,入口风速为 20 m/s,湍流度和耗散率用大气湍流公式进行计算;采用四面体网格对计算域进行划分,计算网格 430 万个。

边界条件设置:①入口定义为速度入口,风速吹入方向与入口边界垂直,且不随高度发生变化；②出口为出流边界条件，保证入口和出口质量差小于 0.5％；③地面认为是无滑移边界条件，定义为壁面；④模型内部的连续性类型定义为流体。

在已有的模拟中，湍流模型曾选用 SST 模型[2]、RNG k-ε 模型[3]、雷诺应力模型和大涡模拟[4]，本文选用雷诺应力模型，此模型已被证明与大涡模拟精度相当[4]，计算采用 SIMPLEC 算法，压强松弛因子采用 0.8，动量采用二阶迎风格式。计算在 3 000 左右稳定，故取 3 000 步的计算结果进行分析。

3　龙卷风风场分析结果及讨论

3.1　龙卷风分析

龙卷风模拟结果显示，龙卷风最大风速为 75 m/s，与观测结果相符；最大风速对应的直径约为 50 m，且在 80 m 以下没有明显变化，在 100 m 直径的龙卷风范围内风速超过 35 m/s。在核心区，龙卷风风速只有每秒几米的量级，接近为零。在 50 m 以内，龙卷风近似随半径线性增大，而在 50 m 以外则基本与半径成反比关系。

3.2　房屋外墙分析

流场结果表明：处于龙卷风中的低矮建筑物表面的风压在 −0.14～0.003 倍大气压范围内，这与已有的龙卷风中低矮建筑迎风面风压远大于处于常态风中低矮建筑物表面的风压的结论不同。对房屋的有限元计算结果也表明，迎风面墙体或沿周向的墙体并未发生明显的变形。由于径向的压强梯度，沿径向两侧墙的变形反而比较明显。

3.3　屋顶应力分析

受龙卷风袭击的低矮建筑结构，建筑会因屋面所承受来自房屋内外的压力差而在局部连接处产生很大的拉应力，使屋顶由于垂向受力不平衡被掀翻。在瓦片覆盖的情况下，瓦片将轻易地向上方飞起造成屋顶损坏，瓦片碎片也会进一步造成建筑破坏或人员伤亡。

3.4　门窗应力分析

受龙卷风径向正压梯度的影响，低矮房屋的门窗玻璃的边缘的应力明显高于其破坏应力，如图 1 和图 2 所示，使得经受龙卷风时低矮房屋的门窗玻璃首先破碎。而门表面的应力相对较低，所以门的破坏不太明显。

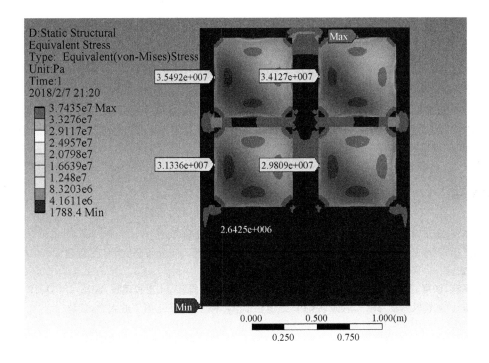

图 1　铝门框和门玻璃应力分布

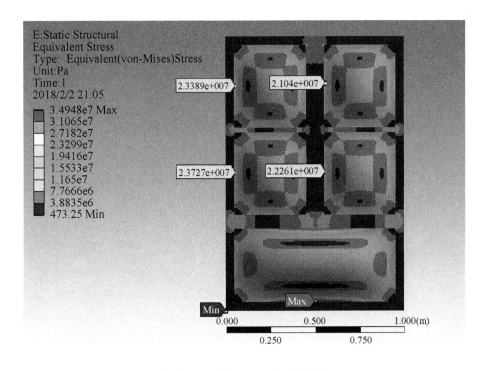

图 2　铝窗框及窗玻璃应力分布

4   结论

根据本次龙卷风模拟，可以猜测：①龙卷风内部的负压是造成建筑门窗破碎原因；②近地面强烈的湍动能、垂向脉动强度将造成房舍等发生振荡破坏，且建筑碎屑四处飞溅的后果；③显著的垂向气流将造成大质量物体或碎屑飞上高空或抛向离建筑较远的地方。因此，在龙卷风多发地区的建筑屋顶设计时，应尽量考虑采用不易碎的材料作为屋面材料，且最好进行防爆泄压设计。

参考文献

［1］王新.运动龙卷风冲击高层建筑［D］.合肥：中国科学技术大学,2015.

［2］刘道永,吕令毅.考虑龙卷风作用方位效应的矩形结构屋面风压分布研究［J］.工程建设,2016,48(3)：6-12.

［3］唐飞燕,汤卓,吕令毅.龙卷风场中沙粒对结构冲击作用的研究［J］.工程建设,2013,45(3)：19-23.

［4］潘玉伟.龙卷风风场与结构风荷载 CFD 数值模拟［D］.哈尔滨：哈尔滨工业大学,2013.

桥梁颤振导数的强迫振动数值模拟识别

应旭永[1,2,3],孙　震[1,2,3]

(1. 在役长大桥梁安全与健康国家重点实验室,江苏南京211112;

2. 苏交科集团股份有限公司,江苏南京211112;

3. 江苏省公路桥梁工程技术研究中心,江苏南京211112)

摘　要：采用多自由度耦合强迫振动数值模拟法识别了主梁断面的颤振导数。通过识别薄平板断面和典型主梁断面的颤振导数,并将识别结果与解析解和试验结果进行了对比分析,验证了本文耦合数值方法的可靠性和有效性。提出了指数衰减/发散强迫振动法研究阻尼比和振幅对颤振导数影响的方法,模拟了薄平板断面和钝体主梁断面在不同阻尼比和振幅下的颤振导数,结果表明阻尼比和振幅对颤振导数均有不同程度的影响。本文提出的方法为颤振导数的识别和参数分析提供一种更快捷有效的方法。

关键词：桥梁断面；颤振导数；阻尼比；振幅；数值模拟

1　引言

颤振现象是一种典型的气动弹性失稳现象,而所有的气动弹性失稳现象都是由作用在主梁上的自激力引起的,因此准确描述作用在主梁结构上的自激力是研究桥梁结构颤振现象的前提和关键。自1971年Scanlan提出用颤振导数表示的自激力模型[1]后,基于颤振导数的颤振分析方法迅速得到了广泛的应用。本文将采用基于CFD技术的数值模拟方法,采用耦合强迫振动法数值识别薄平板断面和典型主梁断面的颤振导数,将识别结果与解析解和风洞试验结果进行对比分析;然后采用指数衰减/发散的强迫振动法研究振动阻尼比和振幅对颤振导数的影响。

2　数值模型

本文数值模拟使用的计算域尺寸、边界条件设置和断面尺寸如图1所示,在整个计算域内采用结构化/非结构化混合网格。为了有效避免使用动网格技术时出现网格的畸变现象,同时保证整个计算过程中模型近壁面网格的精度不受影响,本文将近壁附加的一个椭圆/矩形区域视为刚性网格区域,该区域随桥梁断面一起做相应的运动,而外域网格采用动网格技术对网格进行变形重构。数值模拟时,强迫桥梁断面在竖向、侧向和扭转3个自由度做不同频率的耦合强迫振动,利用SST k-ω 湍流模型,并采用基于ALE描述的有限体积法得到作用在桥梁断面的非定常气动力时程;然后利用得到的气动力时程和输入的桥梁断面位移速度时程，根据 Scanlan 气动自激力表达式，采用最小二乘法识别桥梁断面的气动导数。

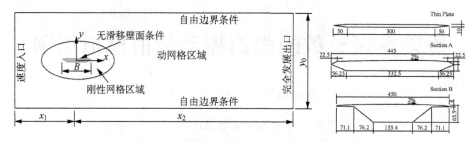

图1　计算域尺寸、边界条件设置和断面尺寸

3　数值模拟结果及主要结论

3.1　基于耦合强迫振动法的颤振导数识别

图2给出了0°初始攻角下，通过分状态强迫振动法和耦合强迫振动法模拟得到的颤振导数随折减风速的变化，同时与强迫振动试验结果进行了对比。通过耦合强迫振动法数值识别出来的气动导数与 Theodorsen 解析解和实验结果吻合得较好，从而验证了本文数值方法识别颤振导数的有效性。通过本文建立的耦合强迫振动数值识别法，仅需一次耦合强迫振动模拟便可以一次性识别出全部颤振导数，大大地提高了颤振导数的数值识别效率。

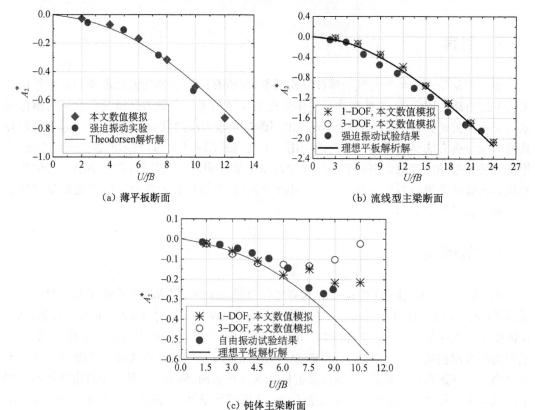

（a）薄平板断面　　　　　　　　　　（b）流线型主梁断面

（c）钝体主梁断面

图2　颤振导数识别结果

3.2 阻尼比和振幅对颤振导数的影响分析

为了研究阻尼比对颤振导数的影响,驱动薄平板断面和钝体主梁断面做不同阻尼比的衰减或发散振动,并计算断面在整个振动过程中受到的气动力时程,便可识别出不同阻尼比和相应振幅下的颤振导数。计算结果表明:振幅对 H_2^* 和 A_2^* 均有显著的影响,且随着振幅的增大,H_2^* 和 A_2^* 值均发生了变号。这也意味着扭转角速度对自激升力和自激扭矩有较大的影响。振幅对颤振导数的影响与振动形式、断面气动外形、振动阻尼比及颤振导数本身有关(见图3)。

阻尼比对不同的颤振导数具有不同的影响,对 H_2^*、H_3^* 和 A_2^* 影响较为显著。对于钝体主梁断面,大振幅和小振幅下阻尼比对颤振导数的影响大不相同。从流场的角度分析,不同阻尼比下的颤振导数不一致主要是由于流场存在记忆效应。需要指出的是,若将等幅强迫振动法识别的颤振导数应用于颤振、驰振和抖振分析,误差是不可避免的;如果阻尼比小于 10%,从工程应用的角度考虑这个误差基本可以忽略不计。

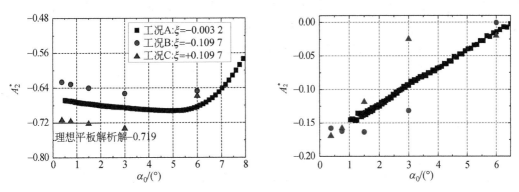

图3 颤振导数随振幅的变化

参考文献

[1] Scanlan R H, Tomko J J. Airfoil and bridge deck flutter derivatives[J]. Journal of Engineering Mechanics, ASCE, 1971, 97(6): 1717-1737.

SST k-ω 模型边界条件对污染物扩散的影响

丁　力[1, 2]，田文鑫[1, 2]

(1. 国电环境保护研究院有限公司，江苏南京 210031；
2. 国家环境保护大气物理模拟与污染控制重点实验室，江苏南京 210031)

摘　要：采用计算流体力学(Computational Fluid Dynamics，CFD)方法模拟平衡大气边界层对火电厂烟气排放中污染物扩散的影响。根据几何参数建立烟塔合一的数值模型，基于 SST k-ω 湍流模型，采用纳维-斯托克斯方程(Navier-Stokes Equations，N-S Equations)求解流场及污染物浓度场。结果表明：采用 SST k-ω 模型计算烟气扩散时，边界条件中湍流动能和比耗散率的设置对污染物的扩散形态几乎没有影响。

关键词：CFD；平衡大气边界层；SST k-ω 湍流模型；污染物扩散

1　引言

目前冷却塔的高度通常有 200 m 左右，位于大气边界层内，因此烟塔合一[1]数值模拟属于典型的计算风工程(Computational Wind Engineering，CWE)问题。大气边界层内风特性(平均风速、湍流强度和湍流动能等)沿高度的分布称为风剖面[2]。在计算风工程中，一个非常重要的问题就是湍流模型的边界条件如何设置，这关系到流场是否能够合理发展，即大气边界层的自保持问题。

在以往的烟塔合一数值模拟研究中，学者们对于大气边界层的自保持问题关注较少。本文基于 SST k-ω 模型，假设大气边界层处于平衡状态，研究了不同入口边界条件对烟塔合一中烟气扩散的影响。

2　边界条件

设置计算域迎风面为速度入口边界条件，速度大小采用幂指数风廓线公式计算：

$$u = u_{ref} \left(\frac{z}{z_{ref}} \right)^{\alpha} \tag{1}$$

式中，u_{ref} 和 z_{ref} 分别为参考点的速度和高度，该研究取参考点高度为 10 m；幂指数 α 为风剖面指数，本文取 0.1。

湍流动能 k 和比耗散率 ω 采用文献[3]中建议的公式获得：

$$k = \sqrt{\frac{C_1}{\alpha}z^\alpha + C_2} \tag{2}$$

$$\omega = \frac{\alpha}{\sqrt{\beta^*}}\frac{U_{ref}}{z_{ref}^\alpha}z^{\alpha-1} \tag{3}$$

式中，β^* 取 0.000 1。假设湍流各向同性，则湍流动能 k、湍流强度 I 和风速 U 之间有如下关系式：

$$k(z) = \frac{3}{2}\left[U(z)*I(z)\right]^2 \tag{4}$$

湍流强度 I 可参考《日本建筑学会对建筑物荷载建议》中的湍流强度经验公式：

$$I(z) = 0.1\left(\frac{z}{z_G}\right)^{-\alpha-0.05} \tag{5}$$

式中，z_G 为梯度风高度。

通过式(1)、式(4)和式(5)可获得湍流动能的分布，采用最小二乘法拟合得到式(2)中的 C_1 和 C_2。

下风向采用自由出口边界条件，侧面及顶部选用对称面边界条件以保证计算的稳定性，冷却塔、烟囱及地面采用无滑移壁面条件。

3 结果

选取两种不同入口边界条件进行求解，分别定义为 Case1 和 Case2，两种工况的入口边界条件见表1。

表1 边界条件

参数	Case1	Case2
速度 U	$u = u_{ref}\left(\dfrac{z}{z_{ref}}\right)^\alpha$	$u = u_{ref}\left(\dfrac{z}{z_{ref}}\right)^\alpha$
湍流动能 k	$k = \sqrt{\dfrac{C_1}{\alpha}z^\alpha + C_2}$	1(Fluent 默认值)
比耗散率 ω	$\omega = \dfrac{\alpha}{\sqrt{\beta^*}}\dfrac{U_{ref}}{z_{ref}^\alpha}z^{\alpha-1}$	1(Fluent 默认值)

设定参考点处的风速为 4 m/s。图1 为两种边界条件下对称面的流场信息对比，可以看到，两者的湍流动能和湍流强度的分布则相差很大。Case1 由于采用了能够自持的边界条件，湍流动能能够维持很长一段距离；而 Case2 的边界条件则不能保持湍流动能，湍流很快衰减掉。但是两种边界条件的 SO_2 扩散情况和速度分布几乎完全一样，这说明在 SST $k\text{-}\omega$ 模型中组分输运主要受宏观速度的影响，而与湍流动能的值关系不大。

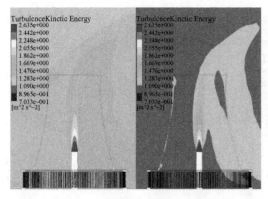

（a）湍流动能对比

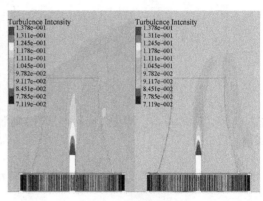

（b）湍流度对比

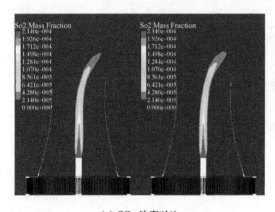

（c）SO₂ 浓度对比

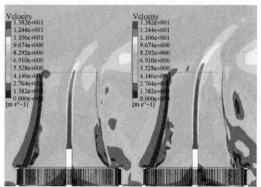

（d）速度对比

图1　不同边界条件下对称面内的流场信息对比

4　结论

在计算风工程中，大气边界层自保持问题一直是重点。本文以烟塔合一中的污染物扩散为研究对象，分别计算了考虑大气边界层自保持和不考虑大气边界层自保持条件下的烟气扩散形态。结果表明，采用 SST $k\text{-}\omega$ 模型计算污染物扩散时，边界条件中湍流动能和湍流的设置对计算结果几乎没有影响。

参考文献

［1］ Busch D, Harte R, Kratzig W B, et al. New natural draft cooling tower of 200 m of height［J］. Engineering Structures, 2002, 24(12): 1509-1521.

［2］ Simiu E, Scanlan R H. Wind effect on structures: Fundamental and application to design［M］. New York: John Wiley & Sons Inc., 1990: 22-52.

［3］ 唐煜, 郑史雄, 赵博文, 等. 平衡大气边界层自保持问题的研究［J］. 工程力学, 2001, 31(10): 129-135.

高速铁路连续梁桥冲击系数取值标准研究

马　麟[1]，张　伟[1]，刘建楼[2]，高金港[2]

(1.河海大学土木与交通学院，江苏南京 210098；
2.中设设计集团股份有限公司城市轨道与地下空间设计所，江苏南京 210014)

摘　要：本文研究高速铁路连续梁桥冲击系数的影响因素和取值标准。选取 13 座跨径从 48 m 到 120 m 不等的混凝土连续梁桥，基于列车-桥梁动力相互作用的计算程序，研究列车车速、编组、轨道不平顺和桥梁基频对高铁桥梁冲击系数的影响，讨论高铁连续梁桥冲击系数的取值标准问题。研究表明：移动力的周期性加载，列车自身频率与扰动频率的组合逼近桥梁基频是引起车-桥共振的两个主要原因。共振车速下冲击系数出现峰值，较高的车速亦容易引起较大的冲击系数。目前高铁桥梁设计规范中冲击系数经验公式不能反映共振的规律，且计算值偏低，需提高冲击系数的估计值。

关键词：高速铁路；连续梁桥；车-桥动力相互作用；冲击系数；动力放大效应

1　引言

随着高速铁路建设事业的蓬勃发展，由于车速提高、轴重变大，桥梁动态响应更加剧烈，高速铁路桥梁的动力相互作用问题变得更加突出。在桥梁设计中，一般用冲击系数来考虑列车对桥梁结构的动力作用。桥梁的冲击系数取决于很多因素，包括桥梁长度、基频、车速、列车编组以及轨道不平顺状况等。由于这些复杂的因素，不同国家和地区当前桥梁设计规范中冲击系数的经验公式存在差异。因此，高速铁路桥梁的冲击系数仍然是桥梁学者和工程师研究的重要课题。

自 20 世纪 60 年代起，日本和西欧开始对高速列车作用下的桥梁动力响应进行了大量的试验研究和理论研究。松浦章夫等研究了车速、轨道不平顺及跨径等因素对冲击系数的影响，指出有规则的车轴排列会引起显著的车桥共振现象[1]。Chu 等[2]研究了简支桁梁桥的挠度和内力冲击系数，认为：同一杆件内弯矩和轴力的冲击系数不会同时达到峰值，单车过桥作用下桥梁的冲击系数大于多车编组情况下的冲击系数。

2001 年，Frýba[3]对高速列车引起的车桥共振现象进行了分析，认为共振是由车轴荷载的重复作用和较高的车速两个因素导致的。2010 年，Hamidi 等[4]研究了速度、列车轴距、轴数和桥梁跨度对铁路钢桥冲击系数的影响。结果表明：车速的提高使冲击系数明显的增加；轴距与跨度之比的增大会导致冲击系数的降低。2015 年，李永乐[5]等分析了大跨度铁路斜拉桥的冲击系数，认为车速、编组、行车方向等参数会对冲击系数产生影响。

从上述研究中可以发现,铁路桥梁的冲击系数受到众多因素的影响。但以往的研究多针对简支梁桥这一桥型,对于连续梁桥冲击系数的研究尚且较少。目前大多数规范的冲击系数计算公式仅考虑了桥梁跨径,不同规范推荐公式计算的结果差异较大,未能考虑共振的影响。因此,有必要对高速铁路连续梁桥的冲击系数变化规律和取值标准进行更深入的分析。

本文选取 13 座混凝土连续梁桥作为桥梁实例进行研究,主跨跨径从 48 m 分布到 120 m。基于车-桥动力相互作用分析,对高速列车作用下桥梁的冲击系数进行了研究,讨论列车车速、编组、轨道不平顺和桥梁基频等因素的影响。

2 冲击系数与规范经验值的比较

将车桥耦合计算程序计算的冲击系数与桥梁规范中指定的经验公式的估计值进行比较。采用八编组的 CRH3 型车,轨道不平顺由德国低干扰谱生成。在 60～360 km/h 下,13 座桥梁冲击系数最大值随基频变化曲线如图 1 所示。根据美国规范[6]和中国规范[7]的经验公式计算的冲击系数也在图中给出。在多数情况下,对于支座弯矩和剪力的冲击系数,美国规范提供的经验值较为合理;而对于跨中位移和弯矩的冲击系数,美国规范提供的经验值偏低。建议按照以下方式考虑跨中位移和弯矩冲击系数的取值:当桥梁跨径大于 60 m 时,将美国规范提供的经验值加 0.1;当桥梁跨径小于 60 m 时,将美国规范提供的经验值加 0.15。

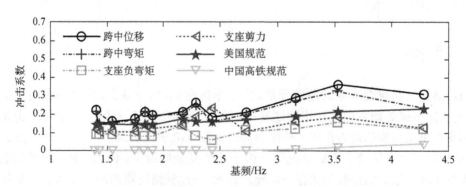

图 1 不同桥梁的冲击系数与经验公式计算值的比较

中国规范冲击系数计算公式是以跨径为单一变量的函数。由图 1 可知,中国规范的经验公式计算的冲击系数很小,在大多数情况下远低于计算的位移及内力冲击系数。事实上,对于跨径小于 67 m 的桥梁,中国规范提供的冲击系数经验值为 0,即不考虑列车对跨径在 67 m 以上桥梁的冲击效应。显然,中国规范的计算公式低估了列车对桥梁的动力作用。

3 结论

本文基于车桥耦合分析程序,研究了连续梁桥冲击系数的变化规律和取值标准。高速铁路连续梁桥的冲击系数受车速、不平顺、编组等众多因素影响,规范仅按照桥梁跨径来计算往往会低估了共振车速下冲击系数的峰值。

参考文献

［1］松浦章夫,周德珪.高速铁路桥梁动力问题的研究[J].世界桥梁,1980(2):46-63.

［2］Chu K H, Garg V K, Wiriyachai A. Dynamic interaction of railway train and bridges[J]. Vehicle System Dynamics,1980,9(4):207-236.

［3］Frýba L. A rough assessment of railway bridges for high speed trains[J]. Engineering Structures, 2001,23(5):548-556.

［4］Hamidi S A, Danshjoo F. Determination of impact factor for steel railway Bridges considering simultaneous effects of vehicle speed and axle distance to span length ratio[J]. Engineering Structures, 2010,32(5):1369-1376.

［5］李永乐,鲍玉龙,董世赋,等.大跨度铁路斜拉桥冲击系数的影响因素研究[J].振动与冲击,2015,34 (19):138-143.

［6］Federal Railroad Administration. Track Safety Standards Compliance Manual[S],2006.

［7］国家铁路局.TB 10623—2014 城际铁路设计规范[S].北京:中国铁道出版社,2014.

风电场的尾流模型与气动噪声模型
耦合计算方法研究

曹九发[1]，朱卫军[1]，吴鑫波[1]，孙浩元[1]，柯世堂[2]，王同光[2]

(1. 扬州大学水利与能源动力工程学院，江苏扬州 225127；

2. 南京航空航天大学江苏省风力机设计高技术研究重点实验室，江苏南京 210016)

摘　要： 随着水平轴风力机的大规模利用，风电场逐渐形成，并且规模越来越大。其中，风电场叶片尺寸的增加、叶尖速度的增大，同时导致了气动噪声更加严重。因此，风电场气动噪声问题在风力机利用中越来越突出，再加上风电场规模增大后，开始靠近居民区、畜牧区，噪声问题更加需要关注和解决。本文基于风电场的工程尾流模型和气动噪声模型耦合的方法，进行数值模拟计算风电场气动噪声分布。首先，基于改进的 Jensen 尾流模型，仿真计算风力机尾流速度；接着，针对风电场每台风力机的气动噪声源进行计算；最后，采用求解 PE 方程的方法，实现风电场的气动噪声传播仿真。通过上述方法，最终实现了对大型风电场气动噪声分布的数值模拟仿真，这对于风电场布局和高效合理风能利用具有重要意义。

关键词： 风电场；尾流模型；气动噪声；PE 方程

1　研究方法

1.1　改进 Jensen 尾流模型

本文主要基于原始 Jensen 尾流模型，通过风力机尾流径向外形改进，使得不再是一个常数，并且对湍流强度进行修正，原始和改进尾流公式见公式(1)和公式(2)。

$$u^*(x, r) = u_0 \left[1 - \frac{2a}{(1 + k_{wake}x/r_1)^2} \right] \tag{1}$$

$$u(x, r) = [u_0 - u^*(x, r)]\cos\left(\frac{\pi r}{r_x} + \pi\right) + u^*(x, r) \tag{2}$$

1.2　气动噪声计算方法

本文风力机气动声源采用 BPM 方法，然后，针对噪声传播采用 PE 方程求解得出，如公式(3),最后,通过公式(4)进行每个网格节点的声压级求解,本文采用了 A 加权声压级(见图 1)。

$$\frac{\partial^2 q_c}{\partial l^2} + \frac{\partial^2 q_c}{\partial z^2} + k_{eff}^2 q_c = 0 \qquad (3)$$

$$L_p(f) = L_w(f) - 10 \log_{10} 4\pi D^2 - \alpha D + \Delta L \qquad (4)$$

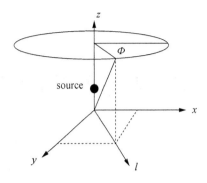

图 1 风力机噪声传播坐标系

2 结果

2.1 尾流模拟计算结果(见图 2)

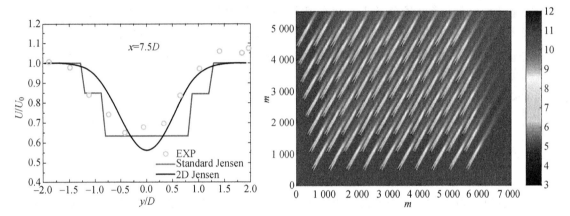

图 2 尾流速度截面对比图和风电场尾流速度云图

2.2 风电场气动噪声分布结果(见图 3)

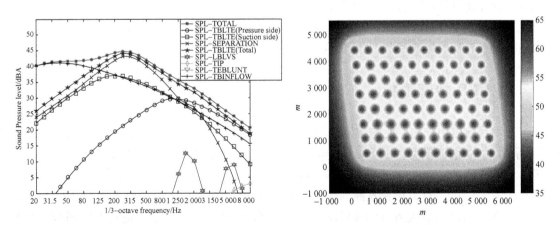

图 3 单风力机声源计算结果和风电场噪声分布云图(dBA)

基于梯度算法的平屋盖女儿墙防风效果优化研究

邱　冶[1]，伞冰冰[1]，赵友毅[1]

（1. 河海大学土木与交通学院，江苏南京 210098）

摘　要： 为确定平屋盖女儿墙的最优参数，对 45°风向角下女儿墙的防风效果进行优化研究。以屋盖表面负压峰值最小为优化目标，采用梯度算法对女儿墙的孔洞率进行优化。结果表明：当女儿墙高度为 0～0.067H 时（H 为屋盖高度），透风女儿墙的防风效果优于密实情况，最优孔洞率为 38.2%～52.3%；当女儿墙高度超过 0.067H 时，负压峰值随着女儿墙高度的增加逐渐减小，增加孔洞率对女儿墙防风效果的提高不显著。

关键词： 平屋盖；女儿墙；防风效果；数值模拟；孔洞率优化

1　引言

已有研究表明[1-2]，在平屋盖四周设置女儿墙，能够有效干扰屋面的旋涡作用，降低局部风荷载及屋盖的整体风力，从而提高屋盖结构的抗风性能。目前对于平屋盖女儿墙防风效果的研究，多通过风洞试验或数值模拟进行影响参数分析，从中选择最优的设计方案，但可能属于局部最优。随着计算机技术的发展，可基于优化算法和 CFD 模拟技术对平屋盖女儿墙进行优化设计，避免直接参数分析引起的局部最优。

本文基于 FLUENT 软件平台，以屋面负压峰值最小为优化目标，采用梯度算法对女儿墙的孔洞率进行优化，得到女儿墙最优孔洞率与高度的关系。

2　CFD 数值模拟

选用目前应用较为广泛的雷诺平均法（RANS）对设置女儿墙的平屋盖绕流进行数值模拟，采用 RSM 湍流模型。以 Stathopoulos 等[3]风洞试验的平屋盖为研究对象，模型长宽高为 $L \times W \times H = 150 \text{ mm} \times 150 \text{ mm} \times 75 \text{ mm}$，女儿墙高度为 $h_p = 5 \text{ mm}$，孔洞率 $\phi = 0$，模型缩尺比为 1∶200。计算域长宽高为 $3\,150 \text{ mm} \times 1\,950 \text{ mm} \times 600 \text{ mm}$，屋盖置于距入口四分之一长度处，阻塞率满足小于 3% 要求。采用 O-Grid 结构化网格策略进行网格划分，得到高质量六面体网格约 120 万，女儿墙近壁面处的最小网格尺寸为 0.625 mm，$\Delta x/h_p = 0.125$，满足多孔介质近壁面网格的最大分辨率要求[4]。图 1 为整体计算域与局部网格放大图。来流风向角为 45°，采用自定义 UDF 模拟来流速度剖面（图 2）。

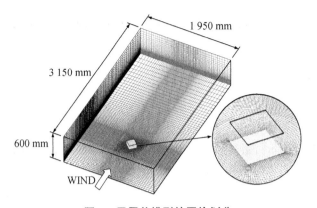

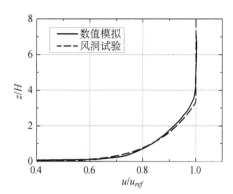

图 1 平屋盖模型的网格划分

图 2 来流速度剖面模拟结果

3 女儿墙防风效果的优化分析

3.1 优化模型

以屋面负压峰值最小为优化目标,研究女儿墙对锥形涡的抑制效果。本文将女儿墙防风效果的优化等效为单目标优化问题,优化模型表达如下:

$$\begin{cases} \text{Min:} & F(\phi) = \text{Max}\{\,|\,C_{pi}(\phi)\,|\,\} \\ \text{s.t.} & a \leqslant \phi \leqslant b \end{cases} \tag{1}$$

式中:$F(\phi)$ 为目标函数;C_{pi} 为屋面第 i 点的平均风压系数;设计变量为孔洞率 ϕ,取值范围 $[a,b]$ 作为优化问题的约束条件,本文取 $2\% \leqslant \phi \leqslant 100\%$。

选取收敛速度快的梯度算法求解上述优化问题,具体步骤如下:①假定初始孔洞率 $\phi^{(0)}$,利用 CFD 软件求解相应的目标函数值 $F^{(0)}(\phi)$;②计算目标函数的梯度 $\nabla F(\phi)$,根据梯度算法确定最优孔洞率,并求解新的目标函数值;③判断是否满足收敛条件,收敛残差精度设置为 1×10^{-4},若不满足收敛条件,则返回步骤②,直至整个优化过程收敛。

3.2 优化结果

针对 6 组具有不同高度女儿墙的平屋盖 ($h_p/H = 0.013$、0.033、0.053、0.067、0.093 和 0.133),采用上述优化方法对女儿墙孔洞率进行优化,以获得最佳的防风效果。

图 3 为设置密实女儿墙与孔洞率优化后平屋盖表面负压峰值的比较。由图 3 可知,当女儿墙相对高度 $0.013 \leqslant h_p/H < 0.067$ 时,设置透风女儿墙能够明显减小屋盖表面的负压峰值(至少 25%),$h_p/H = 0.013$、0.033 和 0.053 时对应的最优孔洞率分别为 52.3%、47.7% 和 38.2%;当 $h_p/H \geqslant 0.067$

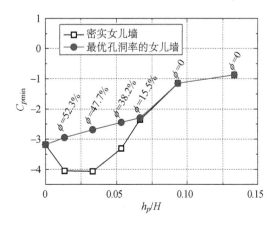

图 3 女儿墙孔洞率优化前后平屋盖表面负压峰值比较

时，透风女儿墙的防风效果与密实女儿墙基本一致，且 $h_p/H = 0.093$ 和 0.133 时，最优孔洞率为 $f = 0$，即密实女儿墙的防风效果最佳。

4 结论

本文建立了女儿墙防风效果的优化模型，通过梯度算法对女儿墙孔洞率进行优化。优化结果表明，当女儿墙高度在 $0 \sim 0.067H$ 范围时，最优孔洞率为 $38.2\% \sim 52.3\%$；当女儿墙高度超过 $0.067H$ 后，透风女儿墙对防风效果的提高有限，甚至会产生负作用。

参考文献

［1］Bitsuamlak G T, Warsido W, Ledesma E, et al. Aerodynamic mitigation of roof and wall corner suctions using simple architectural elements[J]. Journal of Engineering Mechanics, 2012, 139(3)：396-408.

［2］Surry D, Lin J X. The effect of surroundings and roof corner geometric modifications on roof pressures on low-rise buildings[J]. Journal of Wind Engineering and Industrial Aerodynamics, 1995, 58(1-2)：113-138.

［3］Stathopoulos T, Saathoff P, Du X. Wind loads on parapets[J]. Journal of Wind Engineering and Industrial Aerodynamics, 2002, 90(4)：503-514.

［4］San B, Wang Y, Qiu Y. Numerical simulation and optimization study of the wind flow through a porous fence[J]. Environmental Fluid Mechanics, 2018, 11：1-19.

工业厂房大跨屋盖体外预应力法抗风加固设计

孙 勇[1]

(1. 江苏省建筑科学研究院有限公司,江苏南京 210008)

摘 要:大跨屋盖结构具有质量轻、刚度小、阻尼小等特点,抗风设计是其结构设计的关键之一。本文围绕某工业厂房大跨屋盖的加固设计和抗风性能展开研究。首先,基于检测鉴定与工业需求,设计了体外预应力法结合增强连接的加固方案。随后,采用 PKPM 建立了大跨厂房分析模型,并对结构动力特性和风荷载作用下的响应进行了分析。最后,对比分析了结构加固前后结构的整体结构性能。研究结果表明:加固后大跨屋盖的刚度和承载力显著提升,结构安全性得到保障。该案例的体外预应力法可为类似加固工程提供借鉴。

关键词:大跨屋盖;工业厂房;风荷载;体外预应力法

1 引言

大跨屋盖结构具有跨度大、安装便捷、质量轻等优点,被广泛应用于工业厂房建设[1]。因其具有质量轻、柔性大、阻尼小等特点,风荷载往往是结构设计或加固设计的重要荷载。目前针对大跨厂房加固的主要方法有:加大原构件截面和连接强度、粘贴钢板或碳纤维布、施加预应力、改变结构计算图形、阻止裂纹扩展等[2]。由于大跨度屋盖结构在风荷载和结构特性方面的复杂性,应当结合工程实际选择最佳方案,以确保经济合理、施工便利、安全可靠。本文以北京现代摩比斯汽车零部件有限公司 1 工厂厂房体外预应力法抗风加固为例,阐述此类工程加固的设计方法。

2 工业厂房及其分析模型

2.1 工程背景

北京现代摩比斯汽车零部件有限公司 1 工厂(图 1)为单层钢结构厂房,厂房面积约 13 104 m²,平面总长 156 m,宽 84 m,柱距 12 m,屋架跨度 21 m。屋盖为钢结构屋盖,屋面采用轻型彩色夹芯压型钢板。因该工程增设生产线屋架增设吊挂荷载,须对其进行加固及修复设计。地震烈度为 8 度(0.2g),基本风压为 0.45 kN/m²(50 年一遇),地面粗糙度为 B 类,基本雪压为 0.40 kN/m²(50 年一遇);加固后建筑结构的安全等级为二级。

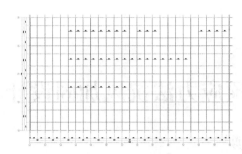

(a) 钢屋架平面布置图　　　　　　　(b) 加固现场图

图 1　北京现代摩比斯汽车零部件有限公司 1 工厂

2.2　分析模型

图 2(a)所示为采用 PKPM 建立的二维计算模型,柱截面采用焊接组合 H 型截面,屋架杆件截面均为角钢背对背组合截面,荷载布置为屋架节点集中力以及风荷载,如图 2(b)所示。

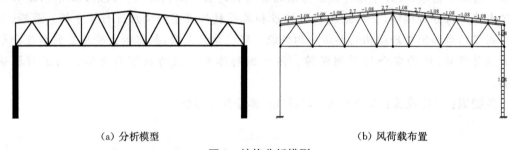

(a) 分析模型　　　　　　　　　　(b) 风荷载布置

图 2　结构分析模型

3　屋盖加固设计

根据鉴定结果及相关标准、规范、规程,采用了以下加固方法:①对梯形钢屋架采用体外预应力进行加固设计;②对多数生产线与屋架连接位置未设置在屋架下弦杆件节点处的情况采取增设连接板的方法加强与原屋架下弦杆的连接;③对屋架下弦产生弯曲变形的水平系杆更换;④对螺栓缺失的情况按原设计恢复螺栓布置;⑤对有烧焊痕迹,未做除锈及防腐涂层处理部分屋架下弦先除锈后刷防腐涂层;⑥柱翼缘部分被切割的地方采用增补钢板(−300×300×10)加固。体外预应力加固示意如图 3 所示。为确保节点可靠,有效传递锚固力,并减小预应力损失,对节点加劲肋进行了刚性设计。

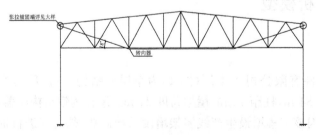

(a) 体外预应力加固屋架　　　　　　(b) 转向器做法

图 3　体外预应力加固示意图

4 结论

工业厂房的大跨度钢屋盖加固时,因受制于现场空间条件,采用传统增强构件的加固办法无法满足工程需要,而采用体外预应力法的加固方法经济合理、施工工艺可行,可为类似加固工程提供借鉴。

参考文献

［1］胡晓鹏,徐雷,韩晓雷.汶川 8.0 级地震单层工业厂房的震害分析[J].西安建筑科技大学学报(自然科学版),2008,40(5):662-666.

［2］沈国辉,孙炳楠,楼文娟.复杂体型大跨屋盖结构的风荷载分布[J].土木工程学报,2005,38(10):39-43.

大跨度悬索桥颤振稳定性可靠度评估

董峰辉[1]，刘福寿[1]

（1.南京林业大学土木工程学院，江苏南京 210037）

摘　要：在构建大跨度悬索桥颤振稳定性可靠度分析模型的基础上，将可靠度理论和有限单元法相结合，建立大跨度悬索桥颤振稳定性可靠度分析方法。以西堠门大桥为研究对象，采用本文提出的方法对西堠门大桥的颤振稳定性可靠度进行评价。采用基于FORM的有限元可靠度方法计算了西堠门大桥的颤振稳定性可靠度指标。研究结果表明，在大跨度悬索桥颤振稳定性可靠度评价中，有必要计入参数随机性的影响，可采用本文提出的方法进行大跨度悬索桥颤振稳定性可靠度评估。

关键词：大跨度悬索桥；颤振稳定性；有限元可靠度；可靠度指标；随机性

1　引言

随着悬索桥跨度的不断增加，使得结构的刚度急剧下降，以至于结构更容易发生风致振动问题。在大跨度悬索桥的各种风振形式中，颤振失稳对悬索桥的安全威胁最大，一旦发生就可能造成整座桥梁的坍塌。因此，在大跨度悬索桥的抗风设计中，人们首先就要求大跨度悬索桥的颤振失稳临界风速大于来流风速，以保证悬索桥的颤振稳定性。风环境和悬索桥结构自身的不确定性，使得大跨度悬索桥的颤振失稳成为一个随机事件。鉴于颤振失稳发生的不确定性，有必要用概率性的方法，对大跨度悬索桥的颤振稳定性进行可靠度评价。

国内外学者已对大跨度悬索桥颤振稳定性可靠度评价问题展开了比较广泛的研究[1-10]，并且通过采用带有各自特点的方法进行结构颤振稳定性可靠度评价，并取得了一定的研究成果。然而，在大跨度悬索桥颤振稳定性可靠度分析中，结构的极限状态方程非线性程度比较高，通常为随机变量的隐式函数，因此对可靠度计算方法提出了很高的要求。已有的大跨度悬索桥颤振稳定性可靠度分析方法中，基于简化公式的 FORM 方法计算精度较低，随机有限元方法和蒙特卡洛法建模复杂且计算效率低下，均存在难以满足工程应用要求的问题。因此，如何建立一套计算准确、高效、方便实用且满足工程应用要求的大跨度悬索桥颤振稳定性可靠度分析方法值得研究。

2　颤振稳定性可靠度分析模型

大跨度悬索桥颤振稳定性问题，极限状态函数可以表示为[1]：

$$g = C_w \cdot V_{cr} - G_s \cdot V_b \tag{1}$$

式中,V_{cr}为计入结构特性中不确定因素的颤振稳定性临界风速,可以通过三维非线性有限元计算确定;C_w为计入风场特性中不确定性因素的临界风速转换系数;G_s为考虑最大脉动风影响的阵风因子;V_b为桥址处桥面高度的 10 min 时距平均基准风速,可根据现有的风速记录来推算。

由于颤振稳定性临界风速V_{cr}的计算在大跨度悬索桥颤振稳定性可靠度分析过程中非常重要,由于颤振稳定性临界风速V_{cr}为其影响因素的隐式表达式,本文采用基于确定性有限单元法进行颤振稳定性临界风速的计算。本文采用基于 ANSYS 平台的时域方法进行大跨度悬索桥颤振稳定性分析,采用有限元分析 ANSYS 软件和可靠度分析 MATLAB 软件相结合的方法实现基于 FORM 的大跨度悬索桥颤振稳定性可靠度有限元分析。

3 工程应用

西堠门大桥主桥为主跨 1 650 m 的两跨连续漂浮体系的钢箱梁悬索桥,跨径布置为 578 m+1 650 m+485 m,钢箱梁连续总长为 2 228 m。舟山西堠门大桥三维有限元模型如图 1 所示。西堠门大桥每延米广义质量$m = 28\ 177$ kg/m,每延米广义质量惯性矩为$I_m = 3\ 955\ 905$ kg·m²/m;结构阻尼比为 0.005。

采用时域法对西堠门大桥颤振稳定性进行计算,搜索了西堠门大桥一阶竖弯和扭转振动在各级风速下的阻尼比,如图 2 所示。由图 2 分析可知,西堠门大桥的颤振临界风速为 95.3 m/s,此时系统的扭转频率为 0.213 5 Hz,系统的竖弯频率为 0.101 7 Hz。

由于在西堠门大桥颤振稳定性分析过程中,仅考虑颤振导数$A_1^* \sim A_4^*$、$H_1^* \sim H_4^*$以及结构阻尼比的影响,各随机变量统计特性[1, 7, 11]见表 1。

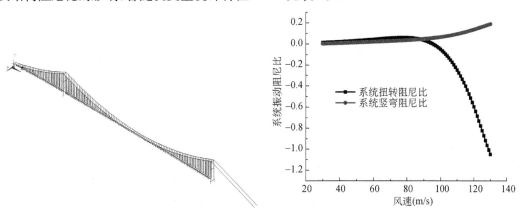

图 1 西堠门大桥三维有限元模型　　　　图 2 系统阻尼比随风速的变化

采用基于 FORM 的有限元可靠度方法进行西堠门大桥颤振稳定性可靠度分析,可靠度指标β为 4.348 5,失效概率为 6.853 6×10⁻⁶。

在大跨度悬索桥颤振稳定性可靠度评价中,有必要计入参数随机性的影响,可采用本文提出的方法进行大跨度悬索桥颤振稳定可靠度评估;参数的随机性对西堠门大桥颤振稳定性可靠度指标有重要影响,忽略参数的随机性有可能导致结构的颤振稳定性偏于不安全。

表 1 随机变量统计特性

随机变量	分布类型	均值	标准差	变异系数
A^*, H^*	正态分布	1	0.2	0.2
ξ	对数正态分布	1	0.4	0.4
C_w	正态分布	1	0.1	0.1
G_s	正态分布	1.2	0.12	0.1
V_b	极值-I型分布	19.35	3.88	0.2

4 结论

以大跨度悬索桥为研究对象，进行了大跨度悬索桥颤振稳定性可靠度分析方法研究。将可靠度理论与有限单元法相结合，提出了大跨度悬索桥颤振稳定性可靠度分析方法。以西堠门大桥为工程应用实例，评价了西堠门大桥颤振稳定性可靠度。采用基于 FORM 的有限元可靠度方法进行西堠门大桥颤振稳定性可靠度分析，结果表明：颤振稳定性可靠度指标为 4.348 5。参数的随机性对西堠门大桥颤振稳定性可靠度指标有重要影响，在大跨度悬索桥颤振稳定性可靠度评价中，可采用本文提出的方法进行大跨度悬索桥颤振稳定可靠度评估。

参考文献

[1] 葛耀君.桥梁结构风振可靠性理论及其应用研究[D].上海：同济大学，1997.

[2] 葛耀君,项海帆,Tanaka H.随机风荷载作用下的桥梁颤振可靠性分析[J].土木工程学报,2003,36(6):42-46.

[3] 葛耀君,周峥,项海帆.缆索承重桥梁颤振失稳的概率性评价及统计分析[C]//全国结构风工程学术会议,2004.

[4] 葛耀君,周峥,项海帆.基于改进一次二阶矩法的桥梁颤振可靠性评价[J].结构工程师,2006,22(3):46-51.

[5] 许福友,陈艾荣,张建仁.缆索承重桥梁的颤振可靠性[J].中国公路学报,2006,19(5):59-64.

[6] 周峥,葛耀君.缆索承重桥梁颤振的风险分析和决策[C]//全国结构风工程学术会议,2007.

[7] 周峥,葛耀君,杜柏松.桥梁颤振概率性评价的随机有限元法[J].工程力学,2007,24(2):98-104.

[8] 葛耀君,项海帆.桥梁颤振的随机有限元分析[J].土木工程学报,1999,32(4):27-32.

[9] Cheng J, Xiao R C. Probabilistic free vibration and flutter analyses of suspension bridges[J]. Engineering Structures, 2005, 27(20): 1509-1518.

[10] Cheng J, Cai C S, Xiao R C, et al. Flutter reliability analysis of suspension bridges[J]. Journal of Wind Engineering and Industrial Aerodynamics, 2005, 93(10):757-775.

[11] Cheng J, Dong F H. Application of inverse reliability method to estimation of flutter safety factors of suspension bridges[J]. Wind & Structures—An International Journal, 2017, 24(3):249-265.

第三部分

强/台风作用下大跨度桥梁桥面行驶车辆动力响应快速估计方法研究[①]

茅建校[1]，王　浩[1]，石　棚[1]

(1.东南大学土木工程学院，江苏南京 210096)

摘　要：随着全球气候条件的恶化、强/台风等极端气候频发，大跨度桥梁的运营安全和适用性备受关注，桥面行驶车辆的安全性和舒适性评价是热点问题之一。桥面行驶车辆的动力响应是进行其安全性和舒适性评价的重要依据，获取往往依赖基于风-车-桥耦合理论的有限元模拟手段。针对有限元模拟存在的耗时长、简化误差难以避免等缺点，本文提出了一种强/台风作用下大跨度桥梁桥面行驶车辆动力响应快速估计方法，该方法推导了桥面和风荷载等激励下车辆模型的运动方程，将监测获得的桥面响应以及风荷载直接作用于车辆模型，实现了桥面车辆动力响应的准确快速估计。本方法有效提升了桥面车辆响应估计的效率，为强/台风作用下大跨度桥梁桥面行车安全性和舒适性的在线评估提供了可靠依据。

关键词：车辆动力响应；结构健康监测系统；大跨度桥梁；强/台风；风-车-桥耦合

1　引言

强/台风等极端气候的日益频繁，大跨度桥梁桥面车辆行驶的安全和舒适性受到了严峻的挑战，车辆安全事故频繁发生，如虎门大桥(2004 年 8 月)、苏通大桥(2012 年 4 月)、青州大桥(2016 年 9 月)、润扬大桥(2017 年 8 月)等发生不同程度的安全事故。准确获取大跨度桥梁桥面车辆的动力响应并据此开展车辆安全和舒适性评估是进行有效管理决策、保障桥梁运营安全的重要手段[1]。针对桥梁及车辆动力响应的获取，国内外研究人员基于风-车-桥耦合理论已开展了丰富的研究工作，并在几何非线性和随机动力响应估计方面取得了显著的进展。但是，基于风-车-桥耦合理论的有限元模拟方法仍依赖于线弹性材料、平稳风荷载的假设，模拟精度难以得到有效保障且计算效率较低。因此，本文提出了一种强/台风作用下大跨度桥梁桥面行驶车辆动力响应快速估计方法，该方法推导了桥面和风荷载激励作用下行驶车辆的运动方程，并将现场实测的桥面响应以及风荷载作用于车辆模型，大

① 基金项目：国家重点基础研究发展计划(973 计划)青年科学家专题(2015CB060000)；江苏省交通科学研究计划项目(8505001498)；江苏省重点研发计划－产业前瞻与共性关键技术(BE2018120)。

幅度缩短了车辆动力响应及车桥相互作用的估算时间,为准确评估桥面行驶车辆安全和舒适性的在线评估提供了可靠依据。

2 大跨度桥梁桥面行驶车辆动力响应快速估计方法

在满足车轮与桥面始终接触的情况下,车辆与桥梁在车轮与桥面的接触点处具有相同的位移协调条件,据此可建立车辆与桥梁的相互作用关系,对桥梁和车辆分别施加风荷载、重力荷载、粗糙度激励,便可建立风-车-桥耦合动力方程,借助于 Newmark-β 积分方法即可求解得到车桥耦合系统的时程响应,从而获得车桥之间的相互作用关系,以评判桥面车辆的行车安全。值得注意的是,有限元模拟与桥梁真实运营情况的差异使得传统方法无法准确反映桥面车辆运营状况,无法满足桥梁管理部门发布即时决策的需求。

本文提出了一种大跨度桥梁桥面行驶车辆动力响应快速估计方法,该方法将桥面实测动力响应作用于行驶车辆,并引入实测斜风荷载,以准确反映车辆真实行驶状况,降低计算负担,提升估计效率。以四分之一车辆模型为例(见图1),本文推导了所提方法的运动方程,见式(1),并结合一座 30 m 跨径的简支梁桥验证了该方法的可靠性。

$$\begin{bmatrix} m_1 & 0 \\ 0 & m_2 \end{bmatrix} \begin{Bmatrix} \ddot{q}_{r1} \\ \ddot{q}_{r2} \end{Bmatrix} + \begin{bmatrix} c_1+c_2 & -c_2 \\ -c_2 & c_2 \end{bmatrix} \begin{Bmatrix} \dot{q}_{r1} \\ \dot{q}_{r2} \end{Bmatrix} + \begin{bmatrix} k_1+k_2 & -k_2 \\ -k_2 & k_2 \end{bmatrix} \begin{Bmatrix} q_{r1} \\ q_{r2} \end{Bmatrix} = \begin{Bmatrix} -m_1\ddot{q}_b \\ -m_2\ddot{q}_b \end{Bmatrix} \quad (1)$$

式中:m_1、k_1、c_1、q_{r1}、$\dot{q}_{r1}$ 和 $\ddot{q}_{r1}$ 分别代表车身质量、刚度、阻尼、竖向位移、竖向速度以及竖向加速度,m_2、k_2、c_2、q_{r2}、$\dot{q}_{r2}$ 和 $\ddot{q}_{r2}$ 分别代表车轴质量、刚度、阻尼、竖向位移、竖向速度以及竖向加速度,$\ddot{q}_b$ 代表桥面竖向加速度。

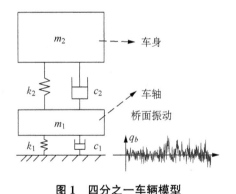

图1 四分之一车辆模型

3 算例验证

本文以四分之一车辆模型经过 30 m 跨径简支梁桥为例,验证所提桥面车辆动力响应快速评估方法的可靠性和适用性。首先基于车-桥耦合理论计算了车桥耦合体系的时程响应,沿桥梁纵向等间距取 7 个测点的竖向加速度响应(包括主梁两端的测点),分别采用线性拟合、二阶多项式拟合、三阶多项式拟合、分段线性拟合方法还原全桥加速度响应场,采用式(1)所示运动方程求解获取车辆的加速度响应,将估计得到的值(Monitoring-based)与真实值(VBC-based)进行对比(见图2),结果表明本文提出的方法可准确估计行驶车辆的动力响应变化特征。

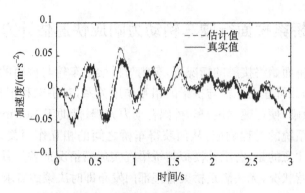

图2　车轴处竖向加速度响应估计结果

4　结论

本文提出了一种强/台风作用下大跨度桥梁桥面行驶车辆动力响应快速估计方法,该方法直接采用大跨度桥梁桥面和环境监测数据估计行驶车辆的动力响应,避免了复杂桥梁结构的有限元建模过程,显著提升了车辆动力响应及车桥相互作用的估算效率。同时,以四分之一车辆模型经过30 m跨径简支梁桥为例,成功验证了本文所提方法的可靠性,可为车辆行车安全性和舒适性评估提供可靠依据。

参考文献

[1] Guo W H, Xu Y L. Fully computerized approach to study cable-stayed bridge-vehicle interaction[J]. Journal of Sound and Vibration, 2001, 248(4):745-761.

风荷载变化对木结构紧固件设计的影响分析

虞文涛[1]，王立彬[1]，范忠强[1]，李　浩[1]

（1.南京林业大学，江苏南京 210037）

摘　要：国外规范的修订对于国内规范的制定和修订具有重要的参考价值。本文就美国标准 ASCE 7-16 和 AWC-NDS 2018 的部分修订内容进行了研究。通过重点分析了 ASCE 7-16 中基本风速分布、地面高程系数、人字形屋面的屋顶分区及其外部压力系数的变化，引出 AWC-NDS 2018 中新的紧固件形式——屋顶覆面板环柄钉（RSRS），并介绍了屋顶覆面板环柄钉的抗拔承载力设计，最后通过与普通的柄身光滑的钉子进行比较，揭示了屋顶覆面板环柄钉在屋顶布置和抗拔性能上的优势。

关键词：基本风速；地面高程系数；屋顶受风区；外部压力系数；屋顶覆面板环柄钉

1　引言

近年来，国内大量规范，如现行的《建筑结构荷载规范》（GB 50009—2012）以及新版《木结构设计标准》（GB 50005—2017），都多少参考了包括 ASCE 7 和 AWC-NDS 在内的诸多美国规范。基于 ASCE 7-16 对 ASCE 7-10 有关风荷载的一些修订，AWC-NDS 2018 同步了相关木结构设计的调整。本文通过阐述 ASCE 7-16 中有关风荷载的部分变化，引入 AWC-NDS 2018 中有关屋顶覆面板用钉的设计修订，意图找出两类规范中的修订内容对国内相关规范的制定的现实指导意义。

2　ASCE 7-16 风荷载修订内容

2.1　ASCE 7-16 关于风险类别Ⅱ类的建筑物的基本风速的修订

从 ASCE 7-10 开始，风速压力计算中去除了重要性系数，而是把建筑物在风灾后的受影响程度分为 4 类，从而分别规定每类建筑的基本风速。此次修订中，以Ⅱ类建筑为例，ASCE 7-16 对风险类别为Ⅱ类的建筑物和其他结构的基本风速的分布重新进行了划分。而在 ASCE 7-16 中，美国本土内陆中西部地区，基本风速区从 ASCE 7-10 中的两个区分为五个。

2.2　ASCE 7-16 关于风速压力的修订

在 ASCE 中，风荷载包含主要抗风体系以及构件和围护上的风荷载。其中，在 ASCE 7-16

中,速度压力值 q_z 的计算中新引入了一个地面高程系数 K_e,根据地面的不同海拔高度来取值。ASCE 7-16 中规定,对于地面海拔高度大于 1 000 ft(305 m)的建筑物来说,可以依据地面的海拔高度对风速压力适当折减。同时,ASCE 7-16 中也规定,K_e 完全可以沿用 ASCE 7-10 中的取值,即全海拔取保守值为 1。

2.3 ASCE 7-16 关于构件和围护上的风荷载的修订

对于构件和围护上的风荷载,本节主要分析的是建筑高度不高于 60 ft(18.3 m)或建筑高度不超过最小水平尺寸,屋顶坡度 $7° < \theta \leqslant 45°$ 的人字形屋顶,详细对比 ASCE 7-10 和 ASCE 7-16 中屋顶受风区的划分区别,以及屋顶背风面外部压力系数 GC_p 的大小差异,从而分析屋顶受风区大小和内、外压力系数的更改对设计风压的影响。

3 AWC-NDS 2018 中紧固件设计的调整

3.1 屋顶覆面板环柄钉(RSRS)的抗拔力承载力设计

AWC-NDS 2018 在第 12 章中,新增钉子形式——屋顶覆面板环柄钉(RSRS),如图 1。相较于框架环柄钉,屋顶覆面板环柄钉直径、长度等尺寸都更小。

AWC-NDS 2018 规定环柄钉的上拔承载力设计值分为:钉身的抗拔承载力 W 和钉头的拉拔承载力 W_H 两部分。其中新加入了对钉头部分拉拔承载力的考虑,对此也提出了新的钉头部分的拉拔承载力 W_H 的设计公式:

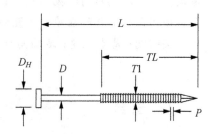

图 1 屋顶覆面板环柄钉示意图

$$W_H = 690\pi D_H G^2 t_{ns} \quad 对 \ t_{ns} \leqslant 2.5 D_H \tag{1}$$

$$W_H = 1\,725\pi D_H^2 G^2 \quad 对 \ t_{ns} > 2.5 D_H \tag{2}$$

3.2 屋顶覆面板环柄钉的应用

举出一个例子,比较了屋顶覆面板环柄钉(RSRS)与柄身光滑的普通钉子在高低风速下屋顶钉子的布置和风荷载下的抗拔性能。结果表明,屋顶覆面板环柄钉具有更好的工程实践效果

4 结论

(1) 以风险类别为Ⅱ类的建筑物和其他结构为例,ASCE 7-16 在 ASCE 7-10 的基础上,对这类建筑的基本风速进行了修订,主要表现为在美国本土内陆,基本风速区划分更加细致。

(2) 主要抗风系统上的建筑风荷载以及构件和围护结构的风荷载设计风压,相较于 ASCE 7-10,风速压力 q_z 的设计值公式中新引入了地面高程系数 K_e。当建筑物地面海拔大于 1 000 ft(305 m)时,可以对风速压力进行一定的折减。

(3) 关于构件和围护结构上的风荷载变化,在人字形屋面上,ASCE 7-16 中屋顶受风区划分较 ASCE 7-10 中的划分更细化,受风区背风面上的外部压力系数 GC_p 整体大于 ASCE 7-10 中的规定。小于 18.3 m 的低层建筑的设计风压也有较大变化。

(4) AWC-NDS 2018 新增屋顶覆面板环柄钉(RSRS),其抗拔力设计需考虑钉身抗拔性能以及钉头的拉拔性能两方面。与柄身光滑的普通钉子相比,在高低不同风速条件下屋顶覆面板环柄钉在屋顶区域的布置以及抗拔力承载力上,具有更好的工程运用表现。

台风期间苏通大桥实测抖振演变谱分析

徐梓栋[1]，王　浩[1]，陶天友[1]，高宇琦[1]，张　寒[1]

(1. 东南大学土木工程学院，江苏南京 211189)

摘　要：大跨度桥梁多应用于跨海连岛工程，桥址所在区域面临台风威胁。已有实测研究表明，台风存在明显非平稳性，势必导致台风作用下大跨度桥梁结构的抖振响应具有非平稳性。本文基于苏通大桥结构健康监测系统，对台风"海葵"及"达维"期间主梁抖振响应开展分析。采用游程检验对实测抖振响应数据进行平稳性检验，并基于广义谐和小波(Generalized Harmonic Wavelet，GHW)与滤波谐和小波(Filtered Harmonic Wavelet，FHW)对实测非平稳抖振响应数据开展了演变功率谱(Evolutionary Power Spectral Density，EPSD)估计，最后将实测抖振响应 EPSD 时均谱与 Pwelch 方法估计所得功率谱进行对比。研究结果表明，台风期间苏通大桥主梁抖振响应表现出非平稳特性，实测抖振响应 EPSD 时均谱与 Pwelch 方法计算所得功率谱吻合良好，本文研究结果可为大跨度桥梁台风作用下抖振响应研究提供参考。

关键词：苏通大桥；台风；结构健康监测；演变谱；谐和小波

1　引言

　　台风作用下大跨度桥梁抖振响应分析大都基于平稳随机过程假设。然而，实测研究表明，台风存在明显非平稳特性[1]。根据 Davenport 风荷载链[2]，作用于结构上的风荷载与风特性相关，也势必存在非平稳性。因而，台风作用下大跨度桥梁结构抖振响应也将呈现出非平稳特征，开展台风作用下大跨度桥梁结构实测非平稳抖振响应分析具有重要意义。苏通大桥位于我国东部沿海，靠近长江入海口，易于遭受台风袭击。本文以该桥为工程背景，对结构健康监测系统(Structural Health Monitoring System，SHMS)实测台风"海葵"和"达维"期间主梁非平稳抖振响应数据开展分析，基于广义谐和小波(Generalized Harmonic Wavelet，GHW)与滤波谐和小波(Filtered Harmonic Wavelet，FHW)开展非平稳抖振演变谱(Evolutionary Power Spectral Density，EPSD)估计，并对估计结果进行验证。

2　苏通大桥实测非平稳抖振响应

　　本文选取 2012 年 8 月 3 日 07：00—09：00(台风"达维")及 2012 年 8 月 8 日 10：00 到

12:00(台风"海葵")期间苏通大桥主梁实测非平稳抖振响应开展分析,竖向抖振响应如图 1 所示。

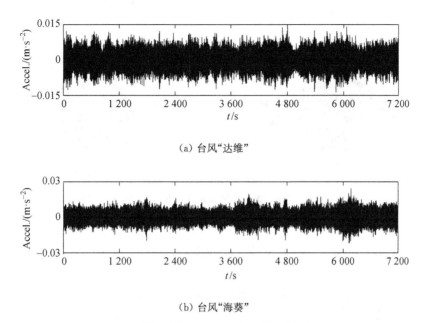

(a) 台风"达维"

(b) 台风"海葵"

图 1　苏通大桥主梁实测竖向非平稳抖振

3　非平稳抖振 EPSD 分析

3.1　基于谐和小波的 EPSD 估计理论

对任意非平稳随机信号 $f(t)$,基于 GHW 及 FHW,其 EPSD 可由下式进行估计[3]:

$$S_{GW}(\omega_i, t_k) = \frac{4E\left[\mid g_{(m,n),k}\mid^2\right]}{n-m} \tag{1}$$

$$S_{FW}(\omega_i, t_k) = \frac{4E\left[\mid g_{F(m,n),k}\mid^2\right]}{n-m} \tag{2}$$

式(1)、式(2)中,$g_{(m,n),k}$ 与 $g_{F(m,n),k}$ 分别为 $f(t)$ 的 GHW 与 FHW 小波系数。

3.2　苏通大桥主梁非平稳抖振 EPSD

对台风"达维"及"海葵"期间苏通大桥抖振响应开展 EPSD 估计,其中台风"达维"期间主梁竖向抖振响应 EPSD 如图 2 所示。

由图 2 可知,台风作用下苏通大桥主梁跨中抖振响应存在明显非平稳特征。

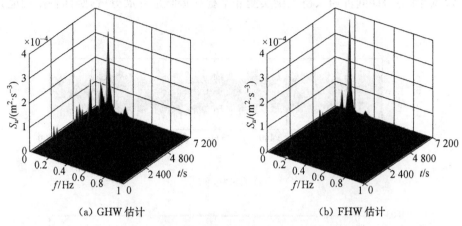

（a）GHW 估计　　　　　　　　　　　　（b）FHW 估计

图2　台风"达维"期间苏通大桥主梁竖向抖振响应 EPSD

4　结论

苏通大桥台风作用下主梁抖振响应存在明显非平稳特征，抖振响应 EPSD 值集中于某些特定频率处。基于 GHW 与 FHW 的抖振响应 EPSD 估计结果相差不大，EPSD 时均谱与基于 Pwelch 方法计算所得功率谱吻合良好，表明抖振响应 EPSD 估计结果可靠。

参考文献

［1］王浩，徐梓栋，陶天友，等.基于小波变换的苏通大桥非平稳抖振响应演变谱实测研究［J］.工程力学，2016，33(9)：164-170.

［2］Davenport A G. Buffeting of a suspension bridge by storm winds［J］，Journal of the Structural Division，1962，88(3)：233-270.

［3］Spanos P D，Kong F，Li J，et al. Harmonic wavelets based excitation-response relationships for linear systems：a critical perspective［J］. Probabilistic Engineering Mechanics，2016，44：163-173.

基于风洞试验南京美术馆风荷载分布研究[①]

朱容宽[1]，王晓海[1]，柯世堂[1]

（1. 南京航空航天大学航空宇航学院土木工程系，江苏南京 210016）

摘　要：南京美术馆形状复杂，现有抗风设计规范并未涉及此类开孔不规则曲面结构风荷载的相关规定。为此，本文采用同步测压技术开展了南京美术馆刚性模型风洞试验，系统分析不同风向角下平均风压分布模式，并给出了最不利风向角下峰值风压取值建议。主要结论可为此类大跨度空间结构的风荷载预测提供参考。

关键词：大跨度结构；风洞试验；风压分布；体型系数

1　引言

随着科学技术及轻质高强新型建筑材料的出现，大跨度空间结构朝着轻量化、长大化、造型复杂化等方向发展，使得结构柔度变大、阻尼比变小、自振频率变低，对风荷载的敏感性显著增强[1]。南京美术馆属于大开洞、复杂外形大跨空间结构，其表面的风压分布模式等气动性能愈加复杂，相关规范中缺乏此类造型特异结构风荷载分布有效参考标准。鉴于此，对不同风向角下的南京美术馆结构风荷载分布进行准确预测具有重要的工程意义。

2　风洞试验概况

该试验在南京航空航天大学 NH-2 大气边界层闭口回流式矩形截面风洞中进行。考虑到紊流积分尺度与阻塞率的要求[2]，美术馆测压模型、周边地形与主要建筑模型的几何缩尺比选为 1∶200，具体模型布置如图 1 所示。整体外围结构共设置 498 个测点，在 360°风向角范围内以 15°增量逐一测量（逆时针旋转）。图 2 给出了美术馆 E 面示意图及 0°来流风向角方向。试验风场按 B 类地貌流场模拟，风剖面指数为 0.15。

---

① 基金项目：国家自然科学基金（51878351，U1733129 和 51761165022）；江苏省六大人才高峰计划项目（JZ-026）；江苏高校"青蓝工程"联合资助。

图1 美术馆和图书馆模型置于风洞中

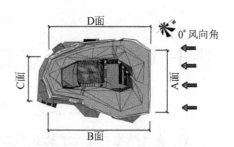

图2 美术馆E面及平面划分示意图

3 风荷载特性分析

3.1 平均风荷载

图3给出了南京美术馆顶部与侧面典型测点平均风压系数随风向角的变化曲线。由图可得:南京美术馆侧面(A面与B面)不同测点平均风压系数随风向角变化趋势相同,均在风向角为240°～255°范围内出现最值;顶部(E面)风荷载以吸力为主,不同测点平均风压系数随着风向角变化规律差异较大,在来流风向角为270°时达到最大负值,其值为−1.22。

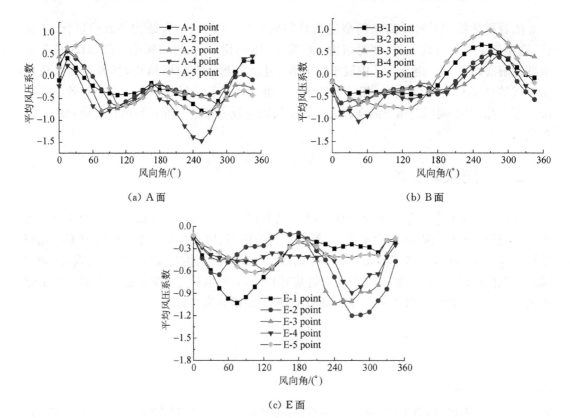

(a) A面

(b) B面

(c) E面

图3 典型测点平均风压系数随风向角的变化曲线

3.2 峰值风荷载

为研究来流风向角对南京美术馆结构峰值风压的影响,图4给出了美术馆表面最不利极值风压分布图。由图可知:南京美术馆顶部峰值风压主要表现为负压,但由于结构不规整及气流分离现象,在顶部凹处均出现极值风压为正的现象;最大负值出现在结构顶部短跨区域,其值为−1.2,最大峰值风压出现在围护结构长跨中心区域,值为0.73。

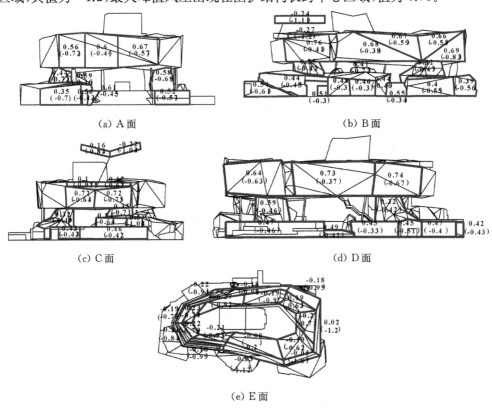

(a) A面   (b) B面

(c) C面   (d) D面

(e) E面

图4 五种组合形式下子午向轴力塔群风振系数示意图

4 结论

本文基于多点同步刚体测压试验对南京美术馆进行了不同风向角下平均风压与峰值风压分布模式研究。主要结论如下:①随着来流风向角的增大,南京美术馆结构顶部平均风压主要呈现为负压,美术馆围护结构风压均在来流风向角225°左右达到最大极值;②峰值风荷载最大负值出现在结构顶部短跨区域,最大峰值风压出现在围护结构长跨中心区域。

参考文献

[1] 柯世堂,陈少林,葛耀君.济南奥体馆屋盖结构风振响应和等效静力风荷载[J].振动工程学报,2013,26(2):214-219.

[2] Ke S T, Ge Y J, Zhao L, et al. Stability and reinforcement analysis of super-large exhaust cooling towers based on a wind tunnel test[J]. Journal of Structural Engineering, ASCE, 2015, 141(12): 04015066.

苏通大桥桥址区"安比"台风特性实测研究

张　寒[1]，王　浩[1]，陶天友[1]

（1.东南大学混凝土及预应力混凝土结构教育部重点实验室，江苏南京 210096）

摘　要：抗风性能是大跨度桥梁等风敏感结构的主要设计内容之一，而风特性是抗风设计的重要依据。为研究强台风特性，本文以苏通大桥健康监测系统实测强台风"安比"相关数据为样本，分析了台风"安比"10 min 风速和风向、阵风因子、紊流强度、紊流积分尺度等风特性，估计了台风"安比"的紊流功率谱密度，并与规范进行对比。结果表明，规范建议紊流积分尺度较小，顺风向紊流功率谱密度在高频区均低于其他谱。

关键词：台风；风特性；苏通大桥；结构健康监测

1　引言

苏通长江大桥位于我国东部沿海地区，易受台风袭击。2018 年 7 月 22 日台风"安比"于上海崇明岛登陆，正面袭击江苏地区，进而苏通大桥被实施一级管制，引起广泛关注。我国东南沿海地区经济相对发达，水网密集，一些大规模的跨江、跨海工程也将先后建设于此，数千公里的海岸线均暴露在台风侵袭范围内。因此，为保证上述工程的安全性与可靠性，有必要进行大量实测，并对台风特性进行分析研究，推动建立和完善我国台风特性数据库，正确地指导工程结构及其附属物的抗风设计[1]。本文通过对台风"安比"实测数据进行分析，得到了 10 min 平均风速和风向、紊流强度、阵风因子、紊流积分尺度、紊流功率谱密度等台风特性，总结了桥址区台风特性规律，为大跨桥梁结构抗风设计提供参考。

2　台风特性实测数据分析

2018 年 7 月 22 日 12 时台风"安比"登陆上海，袭击苏通大桥。本文选取苏通大桥结构健康监测系统（Structural Health Monitoring System, SHMS）21 日 0 时至 23 日 24 时所测数据进行分析。由于采样频率为 1 Hz，72 h 共包括 259 200 串数据。

2.1　平均风速和风向

平均风速和风向如图 1 和图 2 所示。苏通大桥桥址区 10 min 平均风速在第 39 h 左右达到最大值，平均风向逐渐垂直于主梁。

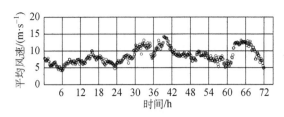

图1 台风"安比"10 min 平均风速

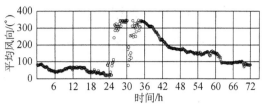

图2 台风"安比"10 min 平均风向

2.2 阵风因子和紊流积分尺度

图3和图4分别为台风"安比"顺风向阵风因子和紊流强度。

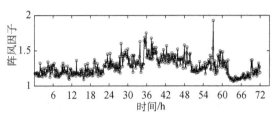

图3 顺风向阵风因子　　　　**图4 顺风向紊流强度**

将顺风向阵风因子和紊流积分尺度按下式拟合：$G_u(t_g, T) = 1 + k_1 I_u^{k_2} \ln\left(\dfrac{T}{t_g}\right)$，得到相应的系数分别为 $k_1 = 0.427\ 1$，$k_2 = 0.966\ 5$。

2.3 紊流积分尺度

图5和图6分别为台风"安比"顺风向和横风向紊流积分尺度。

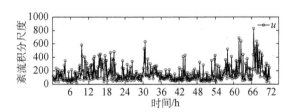

图5 顺风向紊流积分尺度

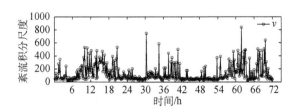

图6 横风向紊流积分尺度

2.4 紊流功率谱密度

选取实测风速峰值处 1 h 数据进行顺风向紊流功率谱密度分析[2]，结果如图 7 所示。

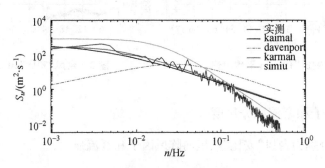

图 7 顺风向紊流功率谱密度

3 结论

实测台风"安比"10 min 平均风速最大达 15 m/s，总体时间段内平均风速在 5～15 m/s 范围内变化。平均风速达到峰值时，平均风向基本沿顺桥向。按公式拟合阵风因子与紊流强度关系，确定的系数与文献[3]建议值基本吻合。顺风向紊流功率谱密度在高频区均低于其他谱。

参考文献

[1] 王浩,李爱群,黄瑞新,等.润扬悬索桥桥址区韦帕台风特性现场实测研究[J].工程力学,2009,26(4)：128-133.

[2] Tao T, Wang H, Wu T. Comparative study of the wind characteristics of a strong wind event based on stationary and nonstationary models[J]. Journal of Structural Engineering(United States)，2017，143(5)：04016230.

[3] Ishizaki H. Wind profiles, turbulence intensities and gust factors for design in typhoon-prone regions [J]. Journal of Wind Engineering & Industrial Aerodynamics，1983，13(1)：55-66.

钢框架-CLT 剪力墙结构抗震性能试验研究

薛敬丞[1]，程海旭[1,2]，杨会峰[1]，刘伟庆[1]

（1. 南京工业大学土木工程学院，江苏南京 211816；
2. 深圳华森建筑与工程设计顾问有限公司南京分公司，江苏南京 210019）

摘 要：为了研究用粘钢节点连接的钢框架-正交胶合木（Cross Laminated Timber，简称 CLT）剪力墙体系在地震荷载作用下的抗震性能，本文对一榀纯钢框架和一榀钢框架-CLT 剪力墙的缩尺构件分别开展了低周反复荷载试验，探明了两种结构的破坏形态和破坏机理，并对试验现象、抗侧承载力、抗侧刚度和耗能性能等进行了分析。试验结果表明：通过采用将 CLT 墙体与钢框架在角部的连接方式，钢框架和 CLT 剪力墙实现了协同工作，整个混合结构的受力也更加合理。相比于纯钢框架，钢框架-CLT 剪力墙结构具有更高的抗侧刚度，且其抗侧承载力和耗能能力也有很大的提高。

关键词：钢框架-CLT 剪力墙；混合结构；试验研究；抗侧承载力；抗侧刚度；耗能性能

1 引言

近年来，随着 CLT 材料的兴起，钢框架内填 CLT 剪力墙混合结构也得到越来越多的关注。2012 年，国外学者对与 CLT 剪力墙相连的传统连接节点做了较多的试验研究[1-2]，发现传统连接存在破坏模式不理想、承载力不匹配等问题。因此国外学者对新型节点也开始了相关研究[3-4]。但国内对于新型连接节点的研究较少，对于钢木混合结构的研究也不太深入。

本文主要通过在钢框架和内填 CLT 剪力墙之间设置高延性高耗能的混合式连接节点，来提高钢木混合结构体系的节点性能和整体结构性能；同时为了提高结构效率，钢框架与 CLT 墙体间的节点设置在墙体四角。通过合理设计，CLT 墙可同时承受拉压荷载，延性和耗能主要由连接件完成，抗侧刚度由 CLT 墙与钢框架实现，整体倾覆力矩由钢框架承担。

2 试验概况

本试验共设计两个试件，编号分别为 PF 和 FSW，试件均为 1/3 缩尺，钢框架跨度为 1 500 mm，柱高为 1 500 mm，试件构造如图 1 所示。试验采用 250 kN 作动器进行低周反复加载，加载方式参考 ASTM-E2126 推荐的位移控制加载制度[5]。

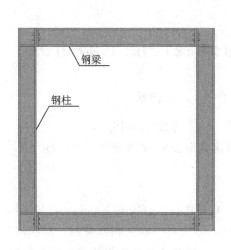

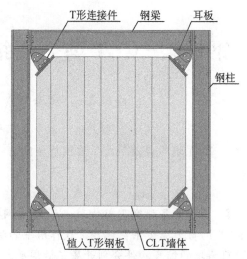

（a）试件 PF　　　　　　　　　　　　　（b）试件 FSW

图 1　试件构造示意图

3　试验结果

钢框架（PF）的破坏主要体现在柱脚处工字钢翼缘的变形和梁柱连接螺栓的变形，钢梁的破坏不明显，整体侧向变形较大。钢框架-CLT 剪力墙（FSW）的破坏是耳板处的螺栓剪断。试件的破坏形态如图 2 所示，试验相关数据见表 1。

（a）PF 柱脚变形　　　　　（b）PF 梁柱节点变形　　　　　（c）FSW 耳板螺栓剪断

图 2　试件 PF 和 FSW 破坏形态

表 1　试验数据

试件编号	荷载方向	极限荷载/kN	极限位移/mm	结构总耗能/(kN·mm)
PF	正向	90.5	117.7	731.7
	反向	77.3	109.7	
FSW	正向	228.2	53.7	1 6704.4
	反向	240.6	39.4	

4　结论

（1）钢框架-CLT剪力墙的极限承载力是纯钢框架的2.79倍,而极限位移只有纯钢框架的0.4倍,说明CLT剪力墙增加了钢框架的抗侧承载力和抗侧刚度。

（2）钢框架-CLT剪力墙耗能能力是纯钢框架的22.8倍,说明CLT墙体和粘钢混合节点对钢框架的耗能增加显著。

（3）需要说明:FSW试件由于耳板连接螺栓过早剪断而终止试验,说明通过连接部位的优化,整个试件的承载能力仍有上升空间。

参考文献

［1］Popovski M, Karacabeyli E. Seismic behavior of cross-laminated timber structures［C］// WCTE, 2012.

［2］Schneider J, Karacabeyli E, Popovski M, et al. Damage assessment of connections used in cross-laminated timber subject to cyclic loads[J]. Journal of Performance of Constructed Facilities, 2013, 28 (6):A4014008.

［3］Johannes S, Xiao Y Z, Thomas T, et al. Novel Steel Tube Connection for Hybrid Systems[C]// World Conf. on Timber Engineering 2014,Quebec, Canada, 2014.

［4］Latour M, Rizzano G. Cyclic behavior and modeling of a dissipative connector for cross-laminated timber panel buildings[J]. Journal of Earthquake Engineering, 2015, 19(1):137-171.

［5］Standard test methods for cyclic(reversed) load test for shear resistance of vertical elements of the lateral force resisting systems for buildings[J]. Astm., 2009.

高墩大跨连续刚构桥最大悬臂阶段风效应

钱凯瑞[1]，张文明[1]，刘　钊[1]

(1.东南大学土木工程学院，江苏南京 210096)

摘　要：高墩大跨连续刚构桥对风荷载敏感，尤其需研究该类桥梁在最大悬臂施工阶段时的抗风性能。本文以尕玛羊曲黄河特大桥为研究背景，对该桥的最大悬臂施工阶段分别进行了静阵风响应分析、静风稳定性分析和抖振分析。结果表明，该类结构在静阵风荷载作用下会产生可观的纵横向位移；结构具有良好的静风稳定性能；施工人员在结构抖振响应中具有良好的安全性和舒适度。

关键词：连续刚构桥；动力特性；静阵风响应；静风稳定性；抖振

1　引言

高墩大跨连续刚构桥在最大悬臂施工阶段时结构柔性大，通常为最不利的抗风状态。本文以尕玛羊曲黄河特大桥为依托工程，建立其最大悬臂施工阶段有限元模型并获取结构的动力特性，运用 CFD 识别主梁典型横断面的三分力系数和颤振导数，基于谐波叠加法模拟主梁位置处的脉动风速场，在此基础上进行了结构的风荷载静动力响应分析。

2　动力特性计算与气动参数识别

2.1　动力特性

尕玛羊曲黄河特大桥的主桥跨径布置为 $(65+5\times120+65)$ m，最大墩高 110 m，建立其最大悬臂施工阶段有限元模型，给出结构前三阶自振频率与振型特征如表 1 所示。

表 1　自振频率及振型特征

频率顺序	自振频率/Hz	振型描述
1	0.168 69	主梁纵桥向摆动、桥墩纵桥向侧弯
2	0.177 79	主梁横桥向摆动、桥墩横桥向侧弯
3	0.396 91	主梁横桥向反对称摆动

2.2 主梁三分力系数与颤振导数识别

考虑到主梁为变截面,并兼顾计算精度和工作量,本文运用 CFD 技术识别了主梁跨中截面、1/4 跨截面和墩顶截面的三分力系数(±10°范围)和颤振导数(折算风速 2.5~20),以跨中截面为例,给出其三分力系数和颤振导数识别结果如图 1 所示。

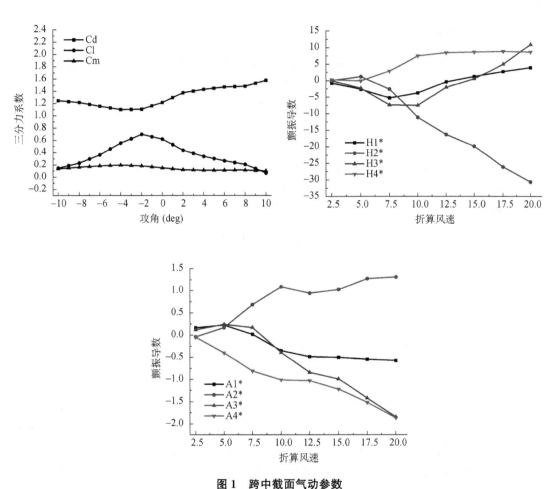

图 1　跨中截面气动参数

3 风荷载静动力响应分析

3.1 静阵风响应

仅考虑横桥向风载,利用施工阶段的风速重现期系数修正,得到作用在主梁各梁块上的静阵风荷载。考虑三种荷载工况,即分别将主梁左右悬臂的风载偏载系数设为 1.0、0.6、—1.0 进行加载,经计算可得到结构控制截面(悬臂端、墩底及悬臂根部截面)的内力或位移,以主梁悬臂最左端为例,给出其在各荷载工况下的位移如表 2 所示。

表 2　主梁最左端悬臂位移

偏载系数	顺桥向位移/m	横桥向位移/m	竖向位移/m	扭转角/rad
1.0	4.55×10^{-3}	$-0.166\ 68$	$-0.292\ 43$	-3.34×10^{-3}
0.6	-4.55×10^{-3}	$-0.166\ 68$	$-0.268\ 77$	-2.91×10^{-3}
-1.0	-4.55×10^{-3}	$-0.166\ 68$	$-0.174\ 13$	-1.03×10^{-3}

3.2　静风稳定性

本文采用增量法与内外双层迭代相结合的优化迭代分析方法[1]，同时考虑几何非线性和荷载非线性，对结构进行了 0°和±3°初试风攻角下的静风稳定分析。经计算发现，结构在各初始攻角下风速增至 160 m/s 时均未出现静风失稳现象。

3.3　抖振响应

同时考虑抖振力与自激力，其中抖振力可根据谐波合成法获取的脉动风速场计算得到，自激力可利用有限元软件中的矩阵单元来模拟实现[2]。对结构进行为时 600 s 的抖振时域分析，获得其位移或内力时程。以主梁悬臂最左端为例，给出其位移极值如表 3 所示。

表 3　左悬臂端位移极值

	横桥向位移/m	竖向位移/m	扭转角/rad
最大值	0.036 6	0.004 49	0.020 8
最小值	$-0.045\ 4$	$-0.004\ 39$	$-0.028\ 0$

根据抖振计算结果，可用 Diekmann 指标 K 值来衡量施工人员的安全性和舒适度。经计算得到结构横向振动的 K 值为 2.87，竖向振动的 K 值为 2.63。

4　结论

尕玛羊曲黄河特大桥为典型的恶劣风环境中的高墩大跨连续刚构桥。本文针对其最大悬臂施工阶段进行了抗风性能分析，发现该类桥梁具有较强的变形能力，在静阵风荷载作用下会产生分米级的纵横向位移，具有良好的静风稳定性能，抖振响应下人员具有良好的舒适度。

参考文献

[1] Zhang W M, Ge Y J, Levitan M L. A method for nonlinear aerostatic stability analysis of long-span suspension bridges under yawed wind[J]. Wind and Structures, 2013, 17(5):553-564.

[2] Zhang W M, Ge Y J, Levitan M L. Aerodynamic flutter analysis of a new suspension bridge with double main spans[J]. Wind and Structures, 2011, 14(3):187-208.

BIM 技术在高铁连续梁桥前处理中的应用

赵亚宁[1]，王　浩[1]，梁瑞军[1]，谢以顺[2]，王飞球[2]

(1. 东南大学土木工程学院，江苏南京 210096；
2. 中铁二十四局集团江苏工程有限公司，江苏南京 210038)

摘　要：连续梁桥广泛应用于高速铁路建设，高铁连续梁桥结构计算前处理的准确性与效率备受关注。在强/台风多发区的高铁桥梁，风荷载模拟准确性尤为重要。针对传统前处理存在的自动化程度低、图纸信息传递有限、风荷载取值大多未考虑施工现场实测风数据等问题，应用 BIM 技术并对 BIM 建模软件进行二次开发，导入实测风数据，实现 BIM 模型信息到结构计算软件前处理模块的自动处理并有效传递，对解决现有阶段结构计算前处理信息断层具有重要意义。本文以一座(48＋80＋48) m 高铁连续梁为例，验证了该二次开发插件可行性及准确性。结果表明：相较于传统二维制图，基于 BIM 模型可进行参数化设计，且提升了非几何信息承载能力；通过二次开发插件，将 BIM 模型信息导入有限元前处理模块，从而避免了参数调整后重复性手动建模，减少人为错误，同时在插件中导入实测风数据，优化风荷载取值。

关键词：BIM 技术；高铁连续梁桥；二次开发；前处理；实测风数据

1　引言

随着经济社会发展，高速铁路建设需求日益旺盛。连续梁桥具有整体性好、抗风抗震性能优异、施工成熟等优点，成为我国高速铁路跨越河流、既有线等采用的主要结构形式，广泛应用于高速铁路设计建造中。目前，二维图纸是设计成果的主要载体，结构工程师根据桥梁设计图纸在专用结构分析软件中进行建模计算。此工作流程中存在诸多不足以待优化：二维图纸所承载的信息有限，并且信息表达不够直观；结构分析从建模到参数设置再到分析求解涉及诸多细节，人为因素易出错而影响结构分析正确性和效率；若桥梁结构需要优化特别是强/台风环境下截面优化或结构方案不能满足设计要求，则需要进行多次建模与计算。高铁桥梁作为国家重要的交通基础设施，应充分利用建筑信息模型(Building Information Model，BIM)技术特点与优势，提高桥梁设计建设水平。BIM 技术发展于建筑业，现已深入桥梁、隧道、市政、防灾减灾等土木全行业。BIM 技术旨在利用数字技术，通过对信息的更有效管理，改变行业内各生产环节配合不利、效率低下的局面，服务于工程全生命周期[1]。目前，诸多学者基于以 IFC 格式为代表的数据媒介在 BIM 模型和结构计算交互进行了探索，然而 IFC 格式在导入结构计算软件前处理模块中为几何实体，无法处理为梁单元,且非几何信息如材质、边界条件等易丢失[2],因此 IFC 作为数据媒介有待进一步研究与完善。针对 IFC 格式交互不足,本文提出利用 BIM 建模软件对高铁连续梁进行参数化建模,并对 BIM 建模软件二次开发,从软件底层数据库中直接提取前处理所需信息。

2　BIM 模型

高质量的高铁连续桥梁 BIM 模型是项目设计、施工、运维的基础,结构计算所需要的信息均在 BIM 模型中提取。LOD(Level of Detail/Development)即模型质量控制标准,用来衡量 BIM 模型所承载信息程度。图 1(a)中信息即可满足高铁连续桥梁结构计算所需信息,而在图 1(b)中过多的轨道、接触网架等导致信息冗余,在正向设计时作为二期恒载估算荷载即可。高铁连续梁桥主梁通常采用箱型截面,桥墩为圆端形实体桥墩,为充分发挥 BIM 技术参数化建模的优势,故应对通用构件进行参数化,形成族文件以方便建模。

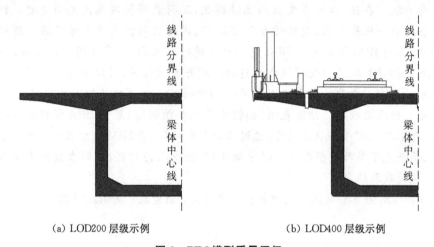

(a) LOD200 层级示例　　　　　　　(b) LOD400 层级示例

图 1　BIM 模型质量层级

3　参数提取及有限元实现

利用 Revit API 提供的接口在 Microsoft Visual Studio 中编写插件程序,提取结构计算前处理所需几何及非几何信息。利用 Revit API 接口提供的不同函数从 Revit 数据库中提取几何及其他非几何信息[3],其中风荷载数据由实测风环境数据处理后获得,按照 ANSYS APDL 格式要求生成连续梁桥前处理的命令流。

4　实例验证

本文在一座(48+80+48) m 的高铁连续梁运用了 BIM 技术,验证了该插件提取信息的准确性和完备性。首先在 BIM 建模软件 Revit 中对(48+80+48) m 的高铁连续梁各构件参数化建模并组装全桥,利用二次开发插件提取全桥信息并导入 ANSYS 前处理模块;其次与真实桥梁参数及材质信息等进行对比,结果表明本文提出的工作思路正确且插件可正确提取连续梁结构信息到结构计算软件前处理模块。

5 结语与展望

本文通过 BIM 建模软件二次开发,将 BIM 模型有关结构计算的几何及非几何信息提取出来并导入有限元前处理模块,并提取实测风环境数据,优化风荷载取值。以一座(48+80+48) m 高铁连续梁为例,验证了该插件可行性,有效提升了连续梁桥结构计算前处理的效率及准确性。随着盐通高铁等项目开工建设,未来将结合 BIM 技术进一步开展抗风防灾研究,提升强/台风多发区高铁桥梁设计建造水平。

参考文献

[1] 陈志为,陈宇,吴焜,等.BIM 技术在桥梁承载力评定中的应用[J].建筑科学与工程学报,2018,35(5):101-108.
[2] 张建平,张洋,张新.基于 IFC 的 BIM 三维几何建模及模型转换[J].土木建筑工程信息技术,2009,1(1):40-46.
[3] Autodesk Asia Pte Ltd. Autodesk Revit 二次开发基础教程[M].上海:同济大学出版社,2015.

电厂新建冷却塔对既有冷却塔的风致干扰效应研究

董依帆[1]，孙　捷[1]，柯世堂[1]

(1. 南京航空航天大学航空宇航学院土木工程系，江苏南京 210016)

摘　要：以某工程冷却塔塔群为对象，基于刚体测压风洞试验获得了不同组合布置形式下(一期双塔＋主厂房、一期双塔＋二期双塔＋主厂房)既有冷却塔表面风荷载分布模式，建立了塔筒-支柱-环基的一体化有限元模型，分别以荷载塔群系数和响应塔群系数为等效目标，探讨了不同来流风向角下新建冷却塔对既有冷却塔风致干扰的影响规律。研究表明：新建冷却塔对既有冷却塔中较近者影响显著，可在 45°～157.5°、270°～292.5°范围内显著降低其荷载塔群系数；有限元分析获得响应塔群系数整体取值低于荷载塔群系数。

关键词：冷却塔；干扰效应；风洞试验；有限元分析；风致响应

1　引言

塔群干扰[1]是影响冷却塔抗风安全性能的主要因素之一。近年来，我国大型冷却塔建设多以超高大和复杂塔群组合[2]为特点，"上大压小"成为工程中最常见的现象——新建冷却塔体型大、高度高、与既有冷却塔中心距离小，新的塔群布置形式改变了风的绕流特性，塔群干扰效应对既有冷却塔表面风荷载产生放大作用[3]。鉴于此，本文以某工程四塔组合塔群为对象，分别对两种组合方案共 64 个工况进行了同步测压风洞试验，并基于整体阻力系数给出既有冷却塔不同风向角下荷载塔群系数取值。采用有限元方法对相应工况下既有冷却塔进行风致响应计算，获得基于响应的塔群系数取值。最终结论可为既有冷却塔抗风安全验算提供取值依据，并为今后其他工程中同等规模、典型塔群布置条件下的钢筋混凝土冷却塔的结构安全设计提供参考。

2　风洞试验

塔群位于 B 类地貌，采用在表面粘贴 5 mm 宽粗糙纸带和调整试验风速(10～13 m/s)等多种手段进行雷诺数效应模拟。由图 2 可知当采用粘贴三层 5 mm 粗糙纸带＋12 m/s风速作用下时，冷却塔测压模型在 B 类流场中的雷诺数效应模拟效果最好(见图 1)。

图 1　冷却塔模型

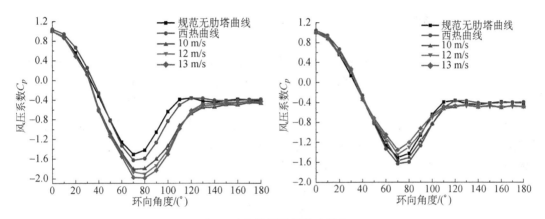

图 2　冷却塔雷诺数效应模拟

为定量分析二期新建工程对一期♯1、♯2冷却塔的干扰效应,以阻力系数极值为等效目标,给出一期♯1、♯2(距离二期冷却塔较远者为♯1塔,较近者为♯2塔)冷却塔在两种不同干扰工况(一期双塔＋主厂房、一期双塔＋二期双塔＋主厂房)下塔群系数分布曲线(见图2,图3)。由图4可知,新建冷却塔对♯2塔干扰效应显著,在45°～157.5°、270°～292.5°范围内显著降低了♯2塔塔群系数,且♯2塔塔群系数最大值由1.280(90°)降低为1.210(315°);♯1塔塔群系数在两种干扰工况下分布规律较为一致,新建冷却塔干扰效应使♯1塔塔群系数最大值由1.249(135°)增大为1.261(315°)。

图 3　两种干扰工况

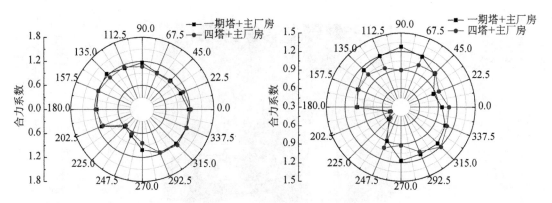

图4 ♯1、♯2塔荷载塔群系数

3 有限元分析

基于 ANSYS 商业软件,采用离散结构的有限单元方法建立冷却塔整体模型,基于风洞试验获得实际风压分布曲线,计算塔筒节点径向位移和单元子午向轴力(见图5)。图6和图7分别给出了♯1、♯2塔两种不同干扰工况下各风向角下塔筒位移、轴力塔群系数包络值。由图可知:针对不同等效目标,新建冷却塔对既有冷却塔干扰效应具有不同影响规律,既有冷却塔塔筒中下部径向位移对干扰效应较敏感,子午向轴力塔群系数分布在塔筒中下部较为一致,♯1塔约为1.17,♯2塔约为1.19。

图5 冷却塔有限元模型

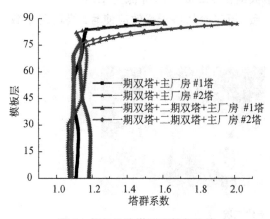

图6 径向位移塔群系数包络值

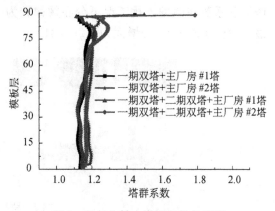

图7 子午向轴力塔群系数包络值

4 结论

本文以某工程塔群为研究对象,首先采用风洞试验获得不同组合工况下风压分布,计算得到既有冷却塔在不同组合工况下荷载塔群系数;再通过有限元分析响应塔群系数。得到以下几点结论:①新建冷却塔对♯2塔干扰效应显著,新建冷却塔遮挡效应使♯2塔荷载塔群系数在45°~157.5°、270°~292.5°范围内显著降低,♯1塔荷载塔群系数在两种干扰工况下分布规律较为一致;②既有冷却塔塔筒中下部径向位移对干扰效应较敏感,子午向轴力塔群系数分布在塔筒中下部较为一致,响应塔群系数整体取值低于荷载塔群系数。

参考文献

[1] 张军锋,葛耀君,赵林.群塔布置对冷却塔整体风荷载和风致响应的不同干扰效应[J].工程力学,2016,33(8):15-23.

[2] 余文林,柯世堂,杜凌云.复杂山地环境下四塔组合特大型冷却塔风致干扰效应研究[J].振动与冲击,2017(24):116-123.

[3] Zhang J F, Zhao L, Ke S T, et al. Wind tunnel investigation on wind-pressure interference effects for two large hyperboloidal cooling towers[J]. Journal of Harbin Institute of Technology, 2011, 43(4): 81-87.

多因素耦合作用下混凝土结构风振响应分析

殷光吉[1],许骋昱[1],左晓宝[1]

(1.南京理工大学理学院土木工程系,江苏南京 20094)

摘 要:针对风荷载与环境因素耦合作用下混凝土结构的时变振动响应问题,本文简要给出了环境硫酸盐-氯盐侵蚀引起的混凝土和钢筋损伤时变本构模型,据此数值分析了不同服役年限后混凝土柱的风振响应规律,为混凝土结构服役性能评估和寿命预测提供基础。

1 引言

在海洋环境下,桥梁、港口、海上建筑物等各种钢筋混凝土结构,不仅受到风荷载作用,还遭受氯盐、硫酸盐等环境因素的化学侵蚀作用。在氯盐-硫酸盐环境下,硫酸根离子通过扩散传输而渗入混凝土中,与水泥水化产物发生化学反应,引起混凝土膨胀损伤,造成混凝土强度等力学性能降低[1];氯离子扩散而渗入钢筋表面引起其脱钝并逐渐锈蚀,导致钢筋截面积减少。因此,氯盐-硫酸盐侵蚀下钢筋和混凝土及其结构的服役性能将呈现一个逐渐退化的过程,最终导致风荷载作用下混凝土结构或构件的安全性和服役寿命难以满足预期。定量地描述氯盐、硫酸盐等侵蚀环境下钢筋混凝土的损伤演化过程及腐蚀混凝土结构风振响应规律,有助于合理地评估海洋环境下工程结构的抗风安全性和服役寿命。

2 混凝土损伤本构模型

在风荷载和硫酸盐-氯盐耦合作用下,混凝土不仅产生力学损伤,而且发生了化学损伤,其损伤本构关系如图1(a)所示,相应的表达式为[2]

$$\sigma = (1-d_{\mathrm{m}})\bar{\sigma} = (1-d_{\mathrm{m}})(1-d_{\mathrm{c}})E_0(\varepsilon - \varepsilon^{\mathrm{p}}) \tag{1}$$

其中,硫酸盐侵蚀混凝土的化学损伤程度 d_{c} 可通过其化学反应而产生的体积膨胀表征

$$d_{\mathrm{c}} = \frac{16}{9}k\left(1 - \frac{\varepsilon_{\mathrm{ep0}}}{\varepsilon_{\mathrm{ep}}}\right)^m, \quad 若\,\varepsilon_{\mathrm{ep}} > \varepsilon_{\mathrm{ep0}}, \quad \varepsilon_{\mathrm{ep}} = \max\left[\frac{1}{q}\sum_{i=1}^{3}\left(\frac{\nu_{\mathrm{CA}i}}{m_{\nu-\mathrm{CA}i}} - \frac{\gamma_i}{m_{\nu-\mathrm{CH}}}\right)c_{\mathrm{CA}} - f\varphi_0, 0\right] \tag{2}$$

式(2)中水泥水化产物含量 c_{CA} 可通过混凝土内硫酸根离子的扩散反应方程计算

$$\begin{cases} \dfrac{\partial c_s}{\partial t} = \dfrac{\partial}{\partial x}\left\{ D_s \dfrac{\partial c_s}{\partial x} \right\} + \dfrac{\partial}{\partial y}\left\{ D_s \dfrac{\partial c_s}{\partial y} \right\} + \dfrac{\partial c_{sd}}{\partial t} \\[3mm] \dfrac{\partial c_{CA}}{\partial t} = k_{v1} c_{CA} c_{sd}, \qquad \dfrac{\partial c_{sd}}{\partial t} = k_{v2} c_{CA} c_s \end{cases} \tag{3}$$

而式(1)中,风荷载作用下腐蚀混凝土塑性应变 ε^p 可通过塑性模型[式(4)]求解[4-5]

$$\begin{cases} F^p(\bar{\sigma}, \kappa^p, d_c) = \tilde{\sigma}(\bar{\sigma}, d_c) - \sigma_y(\kappa^p, d_c) \\[2mm] \dot{\varepsilon}^p = \dot{\lambda} \cdot \dfrac{\partial G^p(\bar{\sigma}, \kappa^p, d_c)}{\partial \bar{\sigma}} \\[2mm] \dot{\kappa}^p = \dot{\lambda} H^p(\bar{\sigma}, \kappa^p, d_c) \\[2mm] F^p \leqslant 0, \ \dot{\lambda} \geqslant 0, \ \dot{\lambda} F^p \geqslant 0 \end{cases} \tag{4}$$

在式(1)中,风荷载作用下腐蚀混凝土力学损伤程度可通过损伤演化方程[式(5)]求解

$$\begin{cases} F^d(\varepsilon, \varepsilon^p, d_c) = \tilde{\varepsilon}(\varepsilon, \varepsilon^p) - \kappa^d(d_c) \\[2mm] d_m = d(\kappa^d, d_c) \\[2mm] F^d \leqslant 0, \ \dot{\kappa}^d \geqslant 0, \ \dot{\kappa}^d F^p \geqslant 0 \end{cases} \tag{5}$$

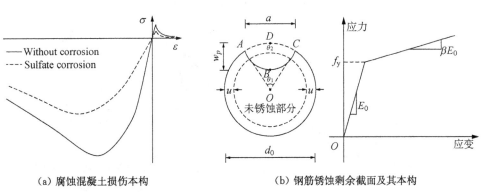

(a) 腐蚀混凝土损伤本构　　　　　　　(b) 钢筋锈蚀剩余截面及其本构

图1　材料本构关系

3　钢筋锈蚀模型

　　海水中氯盐侵蚀导致钢筋锈蚀模型主要分两方面,即钢筋有效截面积的时变模型和未锈蚀钢筋本构模型,如图1(b)所示。根据 Faraday 定律,并结合腐蚀过程中锈蚀钢筋截面几何形状的变化,得到钢筋剩余有效截面积[3]

$$A_e = A_0 - A_p = \pi d_0^2 - 0.125 d_0^2 (\theta_1 - \sin\theta_1) + 10.125 u^2 (\theta_2 - \sin\theta_2) \tag{6}$$

$$u = \kappa \int_{t_{corr}}^{t} 0.85 i_{corr0} (t - t_{corr})^{-0.145 [\delta(t - t_{corr}) + 1]} \, dt \tag{7}$$

式中, t_{corr} 为混凝土柱内钢筋表面氯离子浓度达到阈值的时间,可根据混凝土柱截面中氯离子的扩散方程及钢筋表面氯离子阈值确定

$$\begin{cases} \dfrac{\partial c_{cl}}{\partial t} = \dfrac{\partial}{\partial x}\left[D_{cl}\dfrac{\partial c_{cl}}{\partial x}\right] + \dfrac{\partial}{\partial y}\left[D_{cl}\dfrac{\partial c_{cl}}{\partial y}\right] \\ t_{corr} = t \ \big|_{x=d_c,\ c_{cl}=[c_{cl}]} \end{cases} \tag{8}$$

而钢筋截面未锈蚀部分其本构关系可用下式表示

$$\sigma_s = \begin{cases} E_s\varepsilon_s & 0 \leqslant \varepsilon_s \leqslant \varepsilon_{sc} \\ f_y + \beta E_s\varepsilon_s & \varepsilon_s \geqslant \varepsilon_{sc} \end{cases} \tag{9}$$

4 风载与氯盐-硫酸盐耦合作用响应

在上述材料腐蚀模型基础上，利用 MATLAB 编制相应的风荷载与环境因素耦合作用下混凝土结构动力响应分析程序，数值模拟了处于海洋环境中单自由度体系水平风振响应，其中风荷载采用苏通大桥跨中水平侧向实测数据，海水的硫酸盐与氯盐浓度分别为 69 mol/m³ 和59.8 mol/m³，混凝土强度等级为 C40，其柱高度为 3 m，横截面为 600 mm × 600 mm，配筋为纵筋 12 ⌀ 20，箍筋⌀ 10@200 mm，体系质点质量为 200 t。通过数值分析，获得了柱截面损伤程度、结构动力特性及风振响应随服役年限的变化规律，如图 2～图 4 所示。从图中可以看出，随着服役时间的增加，柱截面的损伤程度逐渐增大且呈梯度分布，

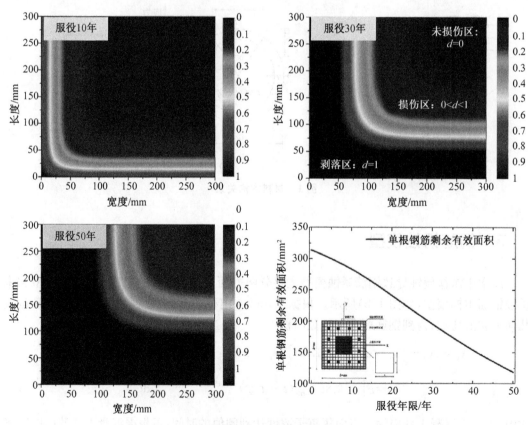

图 2　柱截面钢筋混凝土损伤程度

结构自振周期逐渐增大,自振频率减小,结构风振响应在腐蚀初期增加较小,但腐蚀50年时,显著增加。

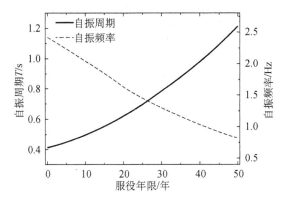

图3 柱结构时变动力特性

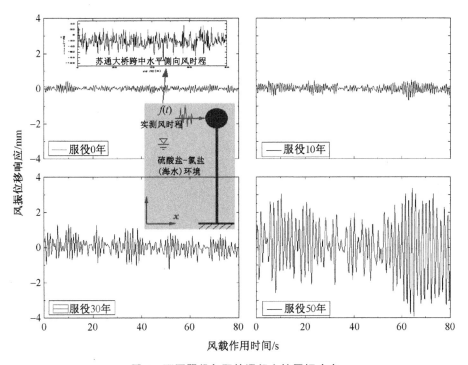

图4 不同服役年限的混凝土柱风振响应

参考文献

[1] Yin G J, Zuo X B, Tang Y J, et al. Numerical simulation on time-dependent mechanical behavior of concrete under coupled axial loading and sulfate attack[J]. Ocean Eng., 2017, 142: 115-124.

[2] Sun W, Zuo X B. Numerical simulation of sulfate diffusivity in concrete under combination of mechanical loading and sulfate environments[J]. J. Sustainable Cement-based Mater., 2012, 1(1-2): 46-55.

［3］Zuo X B, Sun W, Yu C. Numerical investigation on expansive volume strain in concrete subjected to sulfate attack［J］. Constr. Build. Mater., 2012, 36(4)：404-410.

［4］Zuo X B, Yin G J, Li X N, et al. Muti-scale numerical simulation on expansion response of hardened cement paste at dormant period of external sulfate attack［J］. J. Eng. Mech.-ASCE, 2018, Accepted to be published.

［5］Yin G J, Zuo X B, Sun X H, et al. Numerical investigation on ESA-induced expansion response of cement paste by using crystallization pressure［J］. Modelling Simul. Mater. Sci. Eng. 2018, 27(2)：025006.

地震作用下风力发电塔架 TMD 减震分析

史佩武[1]，陈　鑫[1]，夏志远[1]

(1.苏州科技大学 江苏省结构工程重点实验室,江苏苏州 215011)

摘　要：风力发电塔架在地震作用下的安全性日益引起研究人员关注,本文围绕调谐质量阻尼器(Tuned Mass Damper，TMD)对风力发电塔架地震响应的控制效果开展研究。首先,根据 NREL 5MW 风力发电塔结构信息建立了有限元模型,并开展动力特性分析;随后,在风力发塔架中设置 TMD,并进行地震响应分析。研究表明,模型动力特性与 NREL 计算结果相差最大仅 0.83%,且设置 TMD 后,风力发电塔架顶点位移响应衰减达 25% 左右,有效抑制了结构 1 阶振型为主的地震响应。

关键词：风力发电塔；调谐质量阻尼器；地震作用；减震分析

1　引言

为更有效地利用风能,近年来风机正朝着单机容量更高、功率更大方向发展,这将要求机舱和叶轮等部件能在更高的设计高度处运行,导致了风机尺寸和重量大幅度增加。随着风电行业的快速发展,地震活跃区域的风电场越来越多,地震作用对风电塔架的安全威胁逐渐引起研究人员的关注[1]。我国是地震多发国家,而部分风电场已建于地震带上,如福建东山风电场。因此,如何提升风电塔架在地震作用下的安全性已成为风电安全发展的关键之一。调谐质量阻尼器(Tuned Mass Damper，TMD)是一种简便有效的结构减振技术,已在高耸结构的地震和风振安全控制中获得成功应用[2]。本文围绕 TMD 对风电塔架地震响应的控制效果开展数值模拟研究。

2　风力发电塔分析模型

2.1　工程背景

某 5 MW 三风轮风力发电系统,塔高 90 m,底径 6 m,顶端直径 3.87 m,塔体各段采用变截面结构,底部壁厚 35.1 mm,顶部壁厚 24.7 mm,厚度由底部至顶部整体呈线性减小趋势。各桨叶间呈 120°夹角,沿轴向平均分布,风轮直径 123 m,采用矩形变截面,初始段长 3 m,宽 0.8 m,厚度为 10 mm,风轮和塔体材料为 Q345 钢。机舱质量为 24 000 kg,轮毂质量为 56 780 kg,每一个叶片的总质量为 17 740 kg,共三个,其余部分参数如表 1 所示。

表1　5 MW 风力发电参数

指标	参数	指标	参数
额定功率	5 MW	额定风速	11.4 m/s
轮毂高度	90 m	切出风速	25 m/s
切入风速	3 m/s	转子转速	12.1 r/min

2.2　有限元模型及动力特性

利用杆系单元建立该风力发电塔架的有限元模型如图1(a)所示，进一步开展结构模态分析得到结构前3阶振型如图1(b)～(d)所示，结构前3阶模态频率分别为0.321 33 Hz、0.323 54 Hz 和 0.627 60 Hz，与 NREL/TP-500-38060 报告中的计算结果相差最大仅0.83%，可见该模型具有一定的准确性，能够用于进一步的结构响应分析。

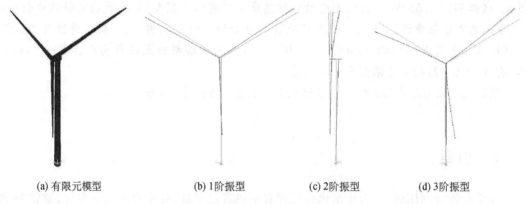

(a) 有限元模型　　　(b) 1阶振型　　　(c) 2阶振型　　　(d) 3阶振型

图1　风力发电塔架分析模型及动力特性

3　风电塔架 TMD 减振分析

选取 TMD 质量比为3%，频率比为0.9，阻尼比0.01，分析风力发电塔架在 Chi-Chi 地震作用下的塔架顶点位移响应如图2所示。

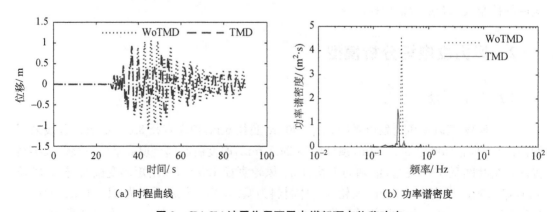

(a) 时程曲线　　　　　　　　　(b) 功率谱密度

图2　Chi-Chi 地震作用下风电塔架顶点位移响应

4   结论

TMD 技术能够应用于风力发电塔架的地震响应控制,合理设计的 TMD 能够使得塔架顶点位移响应最大值降低超过 20%,有效抑制了塔架 1 阶模态引起的振动响应。

参考文献

[1] 陈俊岭,阳荣昌,马人乐.近断层地震滑冲效应下风力发电塔动力响应和振动控制试验研究[J].湖南大学学报(自然科学版),2013,40(8):27-33.

[2] Lackner M A., Rotea M A. Passive structural control of offshore wind turbines[J]. Wind Energy, 2011, 14(3): 373-388.

基于 WRF/CFD 方法台风与良态风下航站楼屋盖风压非高斯特性研究

孙　捷[1]，朱容宽[1]，柯世堂[1]

(1.南京航空航天大学土木工程系，江苏南京 210016)

摘　要：为研究台风作用下大跨屋盖表面风压的非高斯特性，以沿海地区某拟建航站楼为研究对象，首先采用中尺度天气预报模式(WRF)模拟台风"鲇鱼"风场并基于非线性最小二乘法拟合得到边界层风速剖面，然后采用大涡模拟(LES)方法对两类风场下的航站楼屋盖风压非高斯特性进行数值分析。对比研究不同来流风向角下典型测点在典型风向角下的风压时程概率密度分布，研究表明非高斯特征值受所属区域和风场环境的影响显著，台风风场下坡屋面后部测点的非高斯特征值较良态风场增长较大，最大增幅可达 28.5%。

关键词：大跨屋盖结构；中尺度天气预报模式(WRF)；台风风场；脉动风压；非高斯特性

1　引言

在强风作用下，大跨屋盖表面风压会呈现明显的非高斯特性[1]。已有大跨屋盖表面风压特性的研究成果[2]主要考虑良态风气候环境，针对台风下大跨屋盖抗风研究鲜有涉及。已有研究表明 WRF 作为新一代中尺度天气预报模式，可以精确地模拟台风等中尺度天气现象[3]，采用 WRF/CFD 耦合的方法可以有效实现天气尺度到小尺度的动力模拟[4]。

本文以沿海地区某拟建航站楼为研究对象，首先采用 WRF 模拟 2010 年超强台风"鲇鱼"风场，并基于非线性最小二乘法拟合得到边界层风速剖面，然后采用大涡模拟(LES)方法对两类风场下的航站楼屋盖风压非高斯特性进行数值分析，揭示了两类风场非高斯风压差异的形成机理。

2　WRF/CFD 中小尺度耦合计算方案

以沿海地区某 A 类地貌处拟建航站楼为研究对象，建立三维足尺模型，如图 1(a)所示。在 WRF 模式中，通过采用三重嵌套网格技术，使得 WRF 模拟所得的台风信息精度达到 1.5 km，如图 1(b)所示。将台风场信息作为 CFD 的边界条件，并对航站楼周围局部网格加密至 5 cm，实现对屋盖的中小尺度耦合计算，局部加密网格如图 1(c)所示。

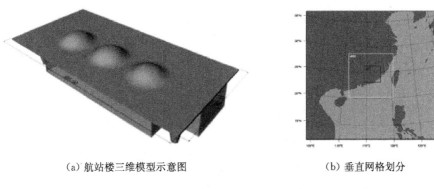

（a）航站楼三维模型示意图　　　　　　　（b）垂直网格划分

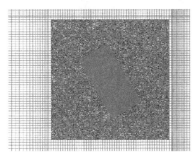

（c）CFD 加密区计算

图 1　航站楼三维模型、WRF 垂直网格及 CFD 加密区计算示意图

采用 WRF 模式模拟所得台风风速和气压云图如图 2(a)、(b)所示,可知由于台风是强烈发展的热带气旋,外围云系的入侵使得风速加强,距离中心越近风速越大,且中心附近气压极低,与中央气象台记录的台风"鲇鱼"信息相吻合。采用非线性最小二乘法拟合得出台风的平均风剖面如图 2(c)所示,并与良态风进行对比,近地面层台风风速随高度的增速明显大于良态风。

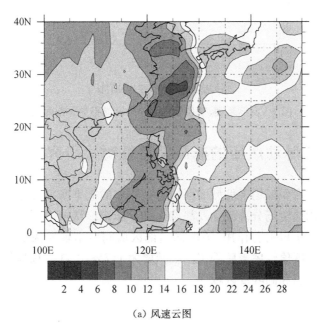

（a）风速云图

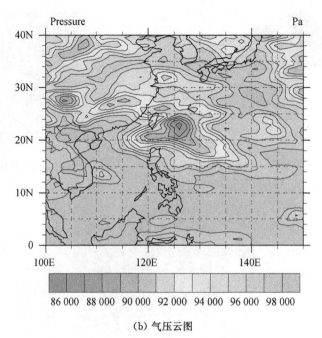

(b) 气压云图

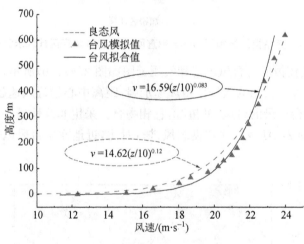

(c) 模拟中心区域平均风剖面

图 2　台风风速、气压云图和中心区域平均风剖面图

3　大跨屋盖脉动风压的非高斯特性对比研究

图 3 分别给出了台风风场下坡屋面区域典型测点的概率密度分布曲线图、偏度和峰度关系分布图和屋盖周边流场分离流动及涡旋运动分布图。从图中可以看出：①由于前缘分离流经过坡屋面后发生再附着作用，坡屋面后部区域间歇出现大幅度正压或负压脉冲，导致坡屋面后部风压峰度值较屋盖后部尾流区域增大了 7%；②在台风风场下，屋盖坡屋面区域测点大多处于大偏斜和高峰度区域。

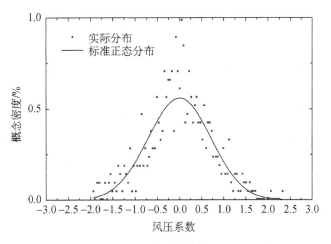

（a）概率密度分布

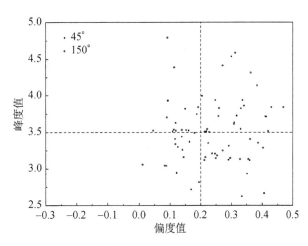

（b）测点偏度和峰度关系分布

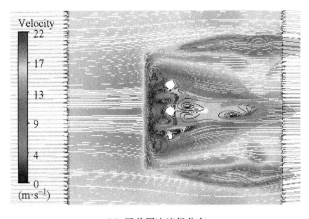

（c）屋盖周边流场分布

图 3　坡屋面区域测点概率密度、偏度和峰度关系和流场分布图

4 结论

坡屋面屋盖风压非高斯区域主要集中于迎风面边缘、坡屋面和屋盖后部尾流区域，非高斯特征值受所属区域和风场环境的影响显著，台风风场下坡屋面后部测点的非高斯特征值较良态风场增长较大，最大增幅可达 28.5％；台风作用下航站楼屋盖风压非高斯区域显著增大且受风向角影响较大，0°风向角下屋盖风压非高斯区域面积最大，可达 37.6％，较良态风场最大增幅比例为 21.1％。

参考文献

[1] Chen W F. Plasticity in Reinforced Concrete[M]. New York：McGraw-Hill Book Company，1982.

[2] 柯世堂，陈少林，葛耀君.济南奥体馆屋盖结构风振响应和等效静力风荷载[J].振动工程学报，2013，26(2)：214-219.

[3] Anthes R A. Numerical experiments with a two-dimensional horizontal variable grid[J]. Monthly Weather Review，2009，98(11)：810-822.

[4] 李军，宋晓萍，程雪玲，等.从天气尺度到风力机尺度大气运动的动力模拟[J].太阳能学报，2015，36(4)：806-811.

基于 CFD 的高铁连续梁桥主梁典型断面静力三分力系数研究

高宇琦[1]，王　浩[1]，陶天友[1]，徐梓栋[1]

（1. 东南大学土木工程学院，江苏南京 210096）

摘　要：我国高铁建设正处于飞速发展新时期，桥梁作为高铁线路枢纽，其抗风性能正逐渐引起学者们的重视。本文基于 CFD 数值模拟技术，对东部沿海某大跨度高铁桥主梁典型断面的三分力系数进行研究，考虑了不同风攻角、主梁断面尺寸及不同类型的网格对三分力系数的影响，结果与《公路桥梁抗风设计规范》进行对比。结果表明，采用 SST k-ω 湍流模型可以合理刻画桥梁断面流场特征，桥梁断面的尺寸变化对其静力三分力系数影响显著，不同类型的网格对三分力系数的影响不大，由于本文截面形状同规范中箱梁截面有区别且规范中未考虑来流风攻角的情况，因此数值模拟与规范计算结果存在差异。

关键词：大跨度高铁连续梁桥；CFD；三分力系数；钝体断面；数值模拟

1　引言

我国高速铁路建设正处于跨越式发展期，"四纵四横"主骨架已基本形成并逐渐发展为"八纵八横"。高铁将不可避免地建设和运营于山区峡谷、沿海等易遭受风暴影响的区域[1]，而桥梁作为高铁线路枢纽，其抗风性能正引起学者们的重视，对高铁桥梁断面开展静力三分力系数研究是高铁桥梁抗风研究的基础。本文以沿海城市某大跨度高铁桥项目为工程背景，基于 CFD 对主梁断面静力三分力系数进行研究，考虑了不同风攻角、主梁断面尺寸及不同类型的网格对三分力系数的影响，结果与 JTG/T D60-01—2004《公路桥梁抗风设计规范》[2]进行对比，以验证模型的可靠性。结果表明，采用 SST k-ω 湍流模型可以合理刻画桥梁断面流场特征，桥梁断面的尺寸变化对其静力三分力系数影响显著，但不同类型的网格对三分力系数的影响不大。由于本文截面形状同规范中箱梁截面有区别且规范中未考虑来流风攻角的情况，因此数值模拟与规范计算结果存在差异。

2　静力三分力系数

由平均风作用引起的静荷载称为静力风荷载。在体轴坐标系下，作用于桥梁断面上的静力三分力系数为：

$$C_H(\alpha) = \frac{2F_H}{\rho U^2 D} \quad C_V(\alpha) = \frac{2F_V}{\rho U^2 B} \quad C_M = \frac{2M_T}{\rho U^2 B^2} \tag{1}$$

式(1)中，C_H 为阻力系数；C_V 为升力系数；C_M 为升力矩系数。

3 主梁断面三分力系数分析

3.1 计算域与求解参数

本文以沿海城市某大跨度高铁连续桥项目为工程背景，建立 1:10 缩尺模型进行数值模拟。该桥为变截面连续梁桥，截面高度最小处和最大处分别为 5.6 m 和 9.6 m，沿跨向主梁高度连续变化；各处截面宽度均为 8.5 m。桥梁断面在体轴坐标系下的三分力如图 1 所示。

计算区域表示模拟流场的范围，其尺寸大小与计算效率及精度密切相关。经查阅文献，确定桥梁跨中断面二维数值模拟的计算域尺寸为模型中心到入流面和上下边界的距离均为 8B，到出流面的距离为 24B，到入流面的距离为 16B，其计算域布置情况如图 2 所示。

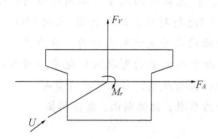

图 1 风荷载和体轴坐标下的三分力

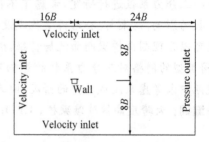

图 2 主梁断面计算域布置

3.2 网格划分

本文采用结构网格、非结构网格和混合网格进行划分，划分情况如图 3 所示，

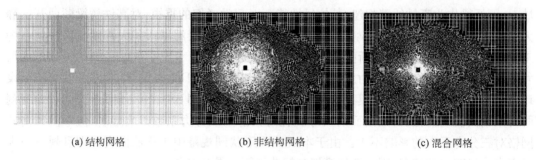

(a) 结构网格　　　　　　　　(b) 非结构网格　　　　　　　　(c) 混合网格

图 3 计算域网格划分

4 三分力系数计算结果

因篇幅所限，表 1 仅给出 0°风攻角下三分力系数计算结果，并同规范计算值进行对比。0°风攻角下 $H=5.6$ m 截面的绕流场速度分布见图 4。

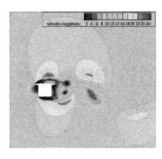

图 4　绕流场速度

表 1　三分力系数

分量	C_H	C_V	C_M
结构网格模拟	1.78	0.69	−0.12
非结构网格模拟	1.77	0.69	−0.11
混合网格模拟	1.78	0.69	−0.11
规范建议	1.95	—	—

5　结论

SST k-ω 湍流模型可合理刻画桥梁断面外部流场绕流特征,桥梁断面的尺寸变化将显著影响静力三分力系数,但不同类型的网格的影响不大。由于本工程桥梁截面同规范中箱梁截面有区别且规范中未考虑来流风攻角的情况,因此数值模拟与规范计算结果存在一定差异。

参考文献

[1] 谭红霞,陈政清.CFD 在桥梁断面静力三分力系数计算中的应用[J].工程力学,2009,26(11):68-72.
[2] 中华人民共和国交通部.JTG/T D60-01—2004 公路桥梁抗风设计规范[S].北京:中国标准出版社,2004.

基于多尺度有限元方法特大型冷却塔动力特性和静风响应分析

王振逸[1]，王晓海[1]，柯世堂[1]

(1.南京航空航天大学土木工程系，江苏南京 210016)

摘　要：现有特大型冷却塔研究均以单尺度模型为目标，鲜有涉及多尺度有限元方法。本文以申能安徽平山二期世界最大双曲线型自然通风湿冷塔为例，创造性地考虑了多尺度方法建立局部多尺度、单一尺度和全局多尺度模型，对比分析了不同模型下该特大型冷却塔的动力特性和静风响应，探究了局部多尺度和单一尺度建模对结构有限元分析的影响规律；在此基础上，以该塔的多尺度模型为基准塔，通过改变结构典型参数进行动力特性分析，提炼出了结构自振频率随结构参数变化的规律；最后，基于非线性最小二乘法原理拟合出多尺度结构基频的估算公式。结果表明：局部多尺度模型塔筒的子午向轴力小于单一尺度模型塔筒的子午向轴力，此现象在塔筒根部尤为显著；与单一尺度模型的支柱轴力和环向弯矩相比，局部多尺度模型的支柱轴力和环向弯矩最大值增幅约 10%；局部多尺度模型和单一尺度模型对环基的位移和内力响应的影响较小。

关键词：多尺度建模；特大型冷却塔；有限元分析；频率；估算公式

1　引言

随着我国工业的发展，双曲冷却塔的规模越来越大[1]，出现了一大批超规范[2]高度(190 m)的冷却塔。随着冷却塔高度和壁厚的增加，现有模拟塔筒结构的壳单元难以满足冷却塔结构有限元分析的精确性。多尺度分析是一门研究结构不同尺度间耦合的学科，兼具精确性和高效性。文献[3-4]利用多尺度的方法对钢筋混凝土框架结构、混凝土材料属性等进行了研究。但是目前鲜有利用多尺度法对冷却塔的动力特性及风致响应进行研究。

鉴于此，本文以申能安徽平山二期世界最大双曲线型自然通风湿式冷却塔为例，创新性地采用多尺度有限元方法建模，并对比了单一尺度模型、全局多尺度模型和局部多尺度模型的动力特性和静风响应，验证了多尺度模型的精确性和有效性。在此基础上，本文以有限元多尺度建模方法为基准，通过对冷却塔结构自振频率随结构参数变化规律的分析，加以利用非线性最小二乘法原理，最终拟合出了多尺度结构基频的估算公式。

2 有限元建模

该冷却塔塔高 210 m,塔顶中面半径 94.6 m,塔筒喉部高度 159.2 m,中面直径 94.6 m,塔筒底部中面直径 157 m,筒壁厚度呈指数率变化,喉部壁厚 0.27 m,塔筒底部壁厚 1.6 m,塔筒顶部壁厚 0.4 m。表 1 给出了模型示意图,其中模型 A 为单一尺度模型,模型 B 为局部多尺度模型,模型 C 为全局多尺度模型。

表 1　模型示意图

模型	模型 A	模型 B	模型 C
塔筒单元	Shell63	Solid45 和 Shell63	Solid45
模型			

3 动力特性分析

表 2 给出了模型 A、B、C 的前 200 阶频率随阶数变化曲线图以及典型模态图。由图可知:各模型频率随阶数变化规律基本一致;多尺度对冷却塔低阶频率影响微弱,对高阶频率影响显著;随着阶数的增长,相较于模型 A 的频率,模型 B 更为接近模型 C;多尺度与单一尺度的高阶振型模态差别显著。

表 2　典型模态图

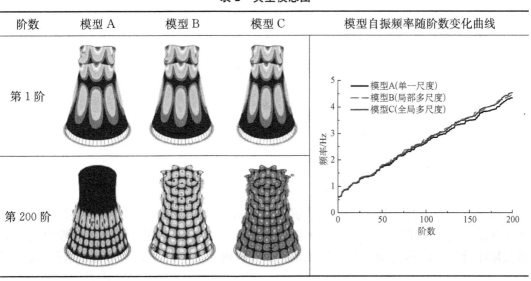

阶数	模型 A	模型 B	模型 C	模型自振频率随阶数变化曲线
第 1 阶				
第 200 阶				

4 塔筒内力分析

图1给出了不同模型塔筒的子午向轴力在各个环向角度和不同高度处的数据,对比发现:各模型塔筒子午向轴力响应等势线图规律基本一致;各模型的塔筒子午向轴力大小呈现规律性,模型 A>模型 B>模型 C。此现象在塔筒根部尤为显著。

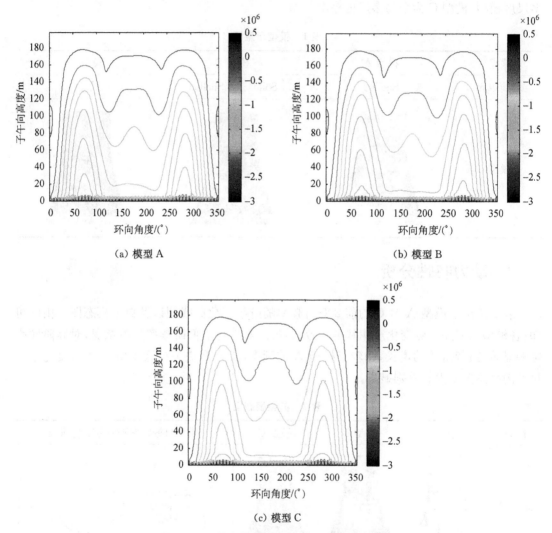

(a) 模型 A   (b) 模型 B

(c) 模型 C

图1 不同模型塔筒子午向轴力响应等势线图

5 结论

本文以申能安徽平山双曲湿冷塔为研究对象,通过对比单一尺度、局部多尺度和全局多尺度模型的动力特性和静风响应,主要得出以下结论:各模型的塔筒子午向轴力大小呈现规律性,模型 A>模型 B>模型 C,此现象在塔筒根部尤为显著;随着阶数的增长,局部多尺度模型的动力特性比单一尺度模型的动力特性更为接近全局多尺度的动力特性。基于以上分析结论,本文以有限元多尺度建模方法为基准,通过对冷却塔结构自振频率随结构参数变化的规律分析,加以利用非线性最小二乘法原理,最终拟合出了多尺度结构基频的估算公式。

参考文献

[1] 柯世堂,侯宪安,姚友成,等.大型冷却塔结构抗风研究综述与展望[J].特种结构,2012,29(6):5-10.

[2] 中华人民共和国建设部.DL/T 5339—2006 火力发电厂水工设计规范[S].北京:中国电力出版社,2006.

[3] 陆新征,林旭川,叶列平.多尺度有限元建模方法及其应用[J].土木工程与管理学报,2008,25(4):76-80.

[4] 杜修力,金浏.基于随机多尺度力学模型的混凝土力学特性研究[J].工程力学,2011,28(A01):151-155.

船载激光雷达测风系统方案设计

张　鑫[1]，窦培林[1]，韩晓晨[1]

(1.江苏科技大学船海学院，江苏镇江 212000)

摘　要：随着海上风电行业蓬勃发展，且逐渐向大型化、规模化和深远海海域化发展，对于前期风资源评估要求更高，传统的海上测风塔因已不能满足行业发展需要。而激光雷达测风浮标因为其容易出现故障，并且在恶劣天气条件下维护十分困难，仍然处于准商业化阶段。因此，本文提出一种船载激光雷达测风系统，可以对海上风资源进行短期快速测量，并且极大地降低了风资源评估成本，同时对船载激光雷达测风系统进行了初步设计，并提出后续的研究方向。

关键词：激光雷达；移动船舶平台；运动姿态传感器系统；运动补偿系统；风资源评估

1　引言

风能现在是发展最快的可再生能源之一，风电行业正处于蓬勃发展中，而对风电场项目进行可行性评估的基础是风能资源的评估。目前，海上风资源的评估主要通过测风塔和激光雷达测风浮标来实现[1]。然而海上测风塔成本较高，同时受限于海洋环境；激光雷达测风浮标虽然灵活性好、成本低，但是单个部件容易出现故障，并且在恶劣天气条件下维护十分困难，这将导致测量结果出现误差[2]。Achtert 等人用破冰船搭载激光测风雷达在北极进行风廓线测量[3]；Zentek 等人的研究表明使用补偿算法的激光测风雷达可以在船舶平台进行有效风速测量[4]。因此本文提出一种船载激光雷达测风系统，和基于浮标的激光雷达测风方案相比，船舶提供了一个更稳定的平台，同时应用范围更加广泛，包括：在某一特定地点首次评估风况的短期测量；进行海上风资源辅助评估；施工阶段的在线风速监测；调试和运行阶段的短期风速测量等。

2　船载激光雷达测风系统方案初步设计

如图 1 所示，船载激光雷达测风系统主要分为移动船舶平台、激光雷达测风装置、运动姿态传感器系统和运动补偿系统四大系统。其中激光雷达测风装置是海上浮动式测风的核心测量设备，主要用来测量并收集包括水平及垂直风速风向、湍流强度和风切变数据，为后续的海上风电场的微观选址提供基础。移动船舶平台建议使用海上风电运维船，主要作为各系统装置的载体，并进行供电、系泊定位等，具有使用灵活性高、成本低的特点。运动

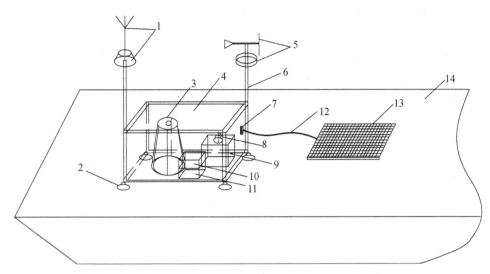

图1   船载激光雷达测风系统组成图

1—雷达天线；2—支撑脚；3—激光测风雷达；4—防护箱；5—小型气象测量模块；6—立杆；
7—充电接口；8—运动姿态测量模块；9—蓄电池组；10—通信模块；11—控制模 P.块；12—充电线；
13—太阳能光伏板；14—移动船舶平台

姿态检测系统采用了 INS 系统和双 GPS 系统组合的组合导航系统,该运动姿态检测系统主要用来记录船舶平台各个时刻的方位变化和六个自由度的速度、姿态角、加速度、角速度等数据(秒级),便于对后期的测风数据进行运动补偿,提高测风数据的精度。运动补偿系统以内置的补偿算法为主,对测风雷达设备测得的数据进行补偿修正,而船舶甲板面积较大,后期还可以设计机械式运动补偿装置,与补偿算法结合,能极大提高测量精度。

船载激光雷达测风系统还包括位于移动船舶平台上的光伏板、防护箱、微型气象站等辅助设备。其中光伏板主要跟蓄电池组做到光电互补,满足整个系统装置的工作用电需求;防护箱采用高密度聚乙烯材质以减轻结构重量,同时增强其抗腐蚀能力。防护箱顶板上设有圆孔作为测风激光雷达发射激光束的通道。防护箱还设有支撑脚,支撑脚通过焊接或者螺栓固定在移动船舶平台上;微型的气象站可以测出船舶平台甲板上包括水平风速风向、气压、温度和湿度等常规的气象参数。

3   船载激光雷达测风系统的总结与展望

船载激光雷达测风系统的提出主要用于解决我国海上风电项目中风场的勘测、微观选址、风功率曲线评估和认证、尾流效应测量等短期风剖面观测问题,将这项基于移动船舶平台激光雷达测风技术商业化、最终达到国产化具有重要的意义。对船载激光雷达测风系统进行完初步设计后,仍然有许多问题等待去研究验证,包括:

(1)重要设备对比选型研究:应当根据海上风电项目的使用需要以及海域海况选择合适的船舶、激光测风雷达、惯性导航装置和辅助测量装置等。

(2)船载激光雷达测风精度研究:船舶平台在海洋环境载荷的作用下会产生运动响应从而影响激光雷达风测量的准确性。可以通过六自由度运动平台模拟船舶在海洋中的姿态并搭载激光测风雷达进行同步观测试验，与固定测风设备比较以此验证测风结果的准确性。

（3）船载激光雷达测风系统海上验证：进行海上试验，验证整个船载激光雷达测风系统能否正常工作，同时系统测得的风速、风向等数据与测风塔相比其准确率和有效性能否达到海上风电项目使用要求。

参考文献

［1］Gottschall J, Wolken-Möhlmann G, Lange B. About offshore resource assessment with floating lidars with special respect to turbulence and extreme events[J]. Journal of Management & Organization, 2014, 555(1):012043.

［2］Schlipf D, Rettenmeier A, Haizmann F, et al. Model based wind vector field reconstruction from lidar data[C].Proceedings of the German Wind Energy Conference DEWEK, Bremen, Germany, 2012.

［3］Achtert P, Brooks I M, Brooks B J, et al. Measurement of wind profiles by motion-stabilised shipborne doppler lidar[J]. Atmospheric Measurement Techniques, 2015, 53:146-155.

［4］Zentek R, Kohnemann S H E, Heinemann G. Analysis of the performance of a ship-borne scanning wind lidar in the Arctic and Antarctic[J]. Atmospheric Measurement Techiques, 2018, 11:5781-5795.

BIM 技术在高铁连续梁桥悬臂施工阶段风特性监测中的应用

何祥平[1]，王　浩[1]，姚程渊[1]，陶天友[1]，谢以顺[2]，王飞球[2]

(1. 东南大学土木工程学院，江苏南京 210096；
2. 中铁二十四局集团江苏工程有限公司，江苏南京 210038)

摘　要：针对传统桥梁施工监控中存在的反馈周期长、自动化程度低等问题，应用 BIM 技术对高铁连续梁桥悬臂施工阶段进行风特性监测，实现 BIM 模型对桥梁悬臂施工过程风特性数据的实时反馈。以连徐高铁一座(48＋80＋48) m 连续梁为例，验证了 BIM 技术应用于高铁连续梁桥悬臂施工阶段风特性监测的可行性及有效性。结果表明：通过 BIM 建模软件建立精细化 BIM 模型可保持与工程设计图纸的一致性，提高施工安全监控的精度；BIM 技术较于传统有线监测系统可实现对风特性实时监测，且提升现场施工监控风险预警能力。

关键词：BIM 技术；高铁连续梁桥；悬臂施工；风特性监测

1　引言

悬臂施工法因受地形影响小、施工成本较低、工序简单，广泛应用于高铁连续梁桥施工中。随着桥跨的不断增加，连续梁桥悬臂施工过程中的风致振动会导致悬臂端位移变化等问题，进而影响高铁连续梁桥的施工精度与质量。目前，传统桥梁施工监控主要采用有线监测系统，采集现场监测数据在专用分析软件中进行分析计算。此工作流程中存在诸多不足：反馈周期长，工作内容重复性严重；信息资料保存分散且检索查询困难；从数据采集到分析再到处理涉及诸多环节，实时性较差；若建成桥梁合龙精度、线路平顺性不能满足设计要求，则降低了桥梁的使用寿命与社会效益[1]。

高铁桥梁未来要向可持续桥梁方向发展，应充分利用 BIM 技术特点与优势，提高桥梁建设过程精细化、信息化和智能化水平。BIM(Building Information Model,建筑信息模型)技术通过信息集成与共享，改变行业内施工质量保证低、施工管理效率低的局面，服务于项目全寿命周期。目前，诸多学者基于 BIM 技术对其在桥梁施工全过程的模拟和管理进行了探索[2]。然而 BIM 技术在桥梁工程中的应用远不止此，BIM 技术作为信息载体应用于高铁连续梁桥施工阶段安全监测有待进一步研究与完善。

针对 BIM 技术的应用现状与传统施工监控中存在的不足，本文提出利用 BIM 建模软件对高铁连续梁进行参数化建模，并将现场风特性监测数据集成到 BIM 模型中进行风特性分析，直接在 BIM 模型上进行风险预警。

2 BIM 模型

对待建的高铁连续梁桥进行精细化 BIM 建模是 BIM 技术应用于桥梁工程的第一步，也是桥梁施工模拟、管理与运营的重要保证，后续阶段信息提取与集成、数据保存与查询等关键技术均基于 BIM 模型。基于 Autodesk Revit 软件平台可建立结构模型、施工子模型等精细化 BIM 模型。图 1(a)为高铁连续梁桥整体结构模型，而在图 1(b)为桥梁 0#块挂篮施工阶段模型。高铁连续梁桥主梁通常采用箱型截面，桥墩为圆端形实体桥墩，为充分发挥 BIM 技术参数化建模的优势，可采用族文件通过对参数进行更改即可得到多个节段模型。

（a）连续梁桥整体结构模型　　　　　　　　　（b）桥梁 0#块挂篮施工阶段模型

图 1　高铁连续梁桥精细化 BIM 模型

3 信息集成及风特性分析

利用 Unity 集成平台，通过 BIM 模型上显示施工现场传感器的布设，通过访问传感器串口或本地监测数据库，提取 BIM 模型中各传感器实时监测的风特性数据。利用本课题组研发的工程结构风环境监测数据非平稳分析软件 ANSWS 进行非平稳分析。

4 实例验证

本文以一座(48＋80＋48) m 的高铁连续梁为例，验证了 BIM 技术在高铁连续梁桥悬臂施工阶段风特性监测中的可行性与实用性。首先在 BIM 建模软件 Revit 中对(48＋80＋48) m 的高铁连续梁进行精细化建模并导入 Unity 集成平台，利用集成平台提取传感器监测数据并导入 BIM 模型，再将对应传感器的监测数据导入 ANSWS 软件中进行非平稳分析，得到非平稳紊流强度、阵风因子、演变功率谱密度等风特性[3]，结果表明本文提出的工作思路可行。

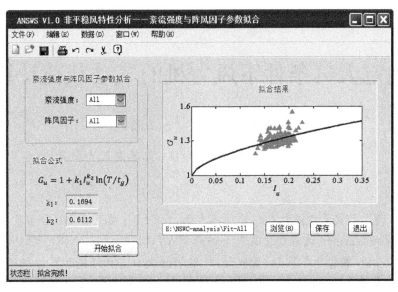

图 2 ANSWS 软件分析界面

5 结语

本文通过 BIM 建模软件进行精细化 BIM 建模,将施工现场风特性监测数据集成到 BIM 模型中进行分析,充分利用 BIM 技术信息集成与共享等特点,有效提升了施工现场风险预警能力。同时,将 BIM 技术应用于一座(48+80+48)m 连续梁桥成功验证 BIM 技术应用于高铁连续梁桥悬臂施工阶段风特性监测的可行性与实用性。

参考文献

[1] 李锦华.基于 IFC 标准的 BIM 技术对桥梁健康监测信息的表达[J].公路交通科技(应用技术版),2017,13(8):190-193.

[2] 张建平,李丁,林佳瑞,等.BIM 在工程施工中的应用[J].施工技术,2012,41(16):10-17.

[3] 王浩,茅建校,杨敏,等.润扬大桥桥址区实测台风非平稳特性研究[J].振动工程学报,2016,29(2):298-304.

稳定大气条件下风力机的气动载荷计算

郜志腾[1]，王　珑[1]，王同光[1]

（1. 南京航空航天大学宇航学院，江苏南京 210016）

摘　要：为了研究大气湍流如何影响风力机，采用叶片动量理论结合谐波叠加法，研究了基于标准 Von Karman 谱和稳定大气条件的 NWTC 实测谱下 NREL 5 MW 风力机的气动载荷。结果表明，相对于 NWTC 实测谱，标准 Von Karman 谱高估风力机的功率和推力载荷。从频域角度来看，存在与叶尖速比线性相关的临界频率，其值可以用以确定影响风力机的湍流尺度的范围。风力机的载荷主要受低于临界频率的低频湍流结构的影响，并且与高于临界频率的湍流结构解耦。从直观的角度来看，低频湍流结构不能被转子有效吸收，而是被风力机自身结构转化为疲劳载荷。

关键词：大气稳定度；风力机；湍流

1　引言

相对于风洞实验，大型风力机在稳定的大气边界层（SABL）中运行时会受到强风切变和高湍流水平的影响[1]。这些来流的流动特性会影响风力机载荷的稳定性，这种现象无法通过标准 Von Karman 谱进行研究，因此有必要根据实测功率谱对风力机的气动载荷响应进行研究[2]。时均理论的方法只能预测湍流的统计特征，无法对在大型风力机中非常重要的载荷脉动特征进行研究[3]。一些研究表明，谐波叠加法（HSM）和叶素动量（BEM）理论的结合是有效研究载荷脉动特性的途径之一[4]。因此，基于 NWTC 实测风速谱模型，研究了大气湍流对稳定大气条件下风力机气动载荷的影响。

2　主要结果

在模拟中，总模拟时间为 900 s，时间步长为 0.02 s，表面粗糙度为 0.01 m。在不同的大气条件下，模拟中使用的平均速度始终为 7 m/s，转子速度为 8.48 r/min，俯仰角为 10°。图 1 显示了在不同稳定大气条件下来流和风力机负载的湍流特性（Von Karman 谱和 NWTC 谱，其中 R_i 分别为 0.00，+0.20，+0.40，+0.60，+0.80）。第一行是平均湍流动能（$\overline{TKE}$）和平均相干湍流动能（$\overline{CTKE}$），第二行是平均功率系数（$\overline{C_P}$）和平均推力系数（$\overline{C_T}$），最后一行是两个系数的标准偏差。以中性条件为例，与 NWTC 谱相比，标准 Von

Karman 谱产生的风速场具有较低的 $\overline{TKE}$ 和 $\overline{CTKE}$，其功率系数和推力系数的预测值分别高出 15.9％ 和 9.2％。在稳定的大气条件下（$R_i = 0.2 \sim 0.8$），随着大气稳定性的增加，功率和推力系数增大，但变化不明显。

以标准的 Von Karman 谱和 $R_i = 0.00$ 的 NWTCUP 谱作为比较。图 2（a）显示了这两个模型在 u 方向上产生的脉动速度谱。可以看出，两种模型的风速谱都含有 $-5/3$ 幂律的区域，这与 Kolmogorov 湍流分层理论中的惯性子区有关。相对于标准 Von Karman 谱的较长 -1 幂律区仅出现在 NWTC 的脉动速度谱中。大气风速谱中的 -1 幂律区与大尺度低频湍流结构有关。图 2（b）显示了两种流入条件下的相应功率和推力谱。从图中可以看出，气动载荷谱的低频区域仅与入流风速谱的低频特征有关（-1 幂律区和 $-5/3$ 幂律区的一部分），这表明功率和推力谱的低频区受能量级串的强烈影响。在载荷谱的高频区，出现与旋转频率的倍数相关的高次谐波，而与流动中的湍流结构没有明显的相互作用。

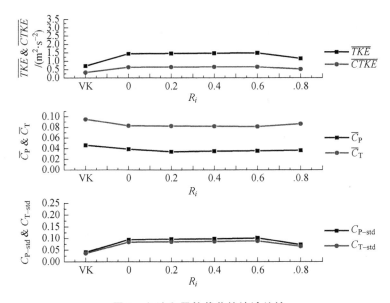

图 1　入流和风轮载荷的统计特性

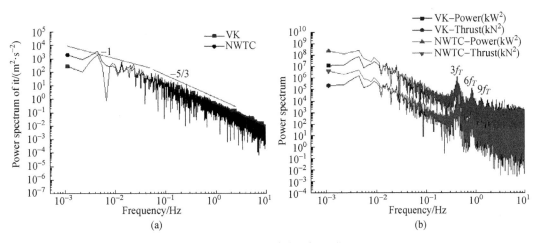

图 2　风速谱、功率和推力谱

3 结论

为研究大气湍流如何影响风力机，基于 NWTC 实测谱和标准 Von Karman 谱研究了 NREL 5 MW 风力机的气动特性。结果表明，标准 Von Karman 谱所计算的功率和推力值比实测风速谱要高。在低频区域，实测风速谱具有比标准 Von Karman 谱更高的湍流能量。为进一步研究这种湍流结构对风力机的影响，本文分析了风力机功率和推力的功率谱，发现：一方面，功率和推力谱的低频区域受能量级串的强烈影响；另一方面，高频区域主要受风力机本身动力学特性的影响。

参考文献

［1］Lu H, Portéagel F. Large-eddy simulation of a very large wind farm in a stable atmospheric boundary layer[J]. Physics of Fluids, 2011, 23(6):065101.

［2］杨从新，郜志腾，张旭耀.基于改进 Von Karman 模型的风力机来流三维风速模拟[J].农业工程学报，2016,32(5):39-46.

［3］Zheng Z, Gao Z T, Li D S, et al. Interaction between the atmospheric boundary layer and a standalone wind turbine in Gansu—Part Ⅱ: Numerical analysis[J]. Science China Physics, Mechanics & Astronomy, 2018, 61(9):94712.

［4］Solari G. Equivalent wind spectrum technique: theory and applications.[J]. Struct. Eng., 1988, 114 (13): 1303-1323.

不同布局方式对高速收费站区室外风环境影响的数值模拟

陈家乐[1]，苏　波[1]，刘　祥[1]，尹丹宁[1]

（1. 江苏大学土木工程与力学学院，江苏镇江 212013）

摘　要：由于高速公路的特殊性，高速公路收费站大多分布在较为空旷的城市郊区，在强风天气下站区附近无遮蔽建筑，受风环境影响较大。本文以高速公路收费站站区为研究对象，从影响站区风环境的因素着手，探究适合收费站区的建筑布局形式。结果表明：采用 L 型布局，收费站区室外风环境得到明显改善。研究结论对收费站区规划有一定的指导作用。

关键词：绿色建筑；建筑布局；收费站；室外风环境

1　引言

不同收费站区布局方式会对室外风环境产生不同的影响，从而使建筑周围的空气流动存在明显差别。建筑迎风面积、来流风向、建筑体量与间距等均会对其室外风环境质量产生影响。本文通过对宁沪高速沿线收费站的调研，总结出目前高速公路收费站建筑布局的三种经典布局形式。针对江苏省南部的气候特点，以站区风环境为切入点，研究建筑布局对站区风环境的影响，探讨基于室外风环境模拟的站区建筑布局优化策略，为收费站区更新改造以及未来高速公路收费站的建设提供设计依据。

2　研究方法

近年来随着计算机技术的飞速发展，数值计算已成为评价方法的主流。而通风过程的数值模拟研究主要有节点法、数学模型法和计算流体力学法。计算流体力学(CFD)法因其快速简便、准确有效、成本较低等优点在越来越多的在工程问题得到使用，并逐渐成为有效的处理工程问题的手段，受到广泛认可[1-2]。本文采用 RNG k-ε 湍流模型，对三种典型收费站布局方式下的室外风环境进行模拟研究，通过对比分析，总结不同布局方式的优势与劣势，为未来新建收费站区的布局提供设计依据。

3　研究结果

根据宁沪房建设施的调研，目前高速公路收费站在建筑布局时有三种经典布局形式，分别为 E 型、L 型和二字型,三种经典的布局形式如图 1 所示。

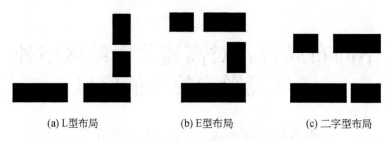

(a) L型布局　　　　　　　(b) E型布局　　　　　　　(c) 二字型布局

图 1　三种不同的站区布局

笔者根据 Winair 软件模拟出的不同布局下的风速云图(三种布局、三种典型工况),统计和分析出不利风环境面积,分析不同布局方式的风环境优劣势。图 2 所示为夏季典型风速下三种站区人行高度处风速云图。

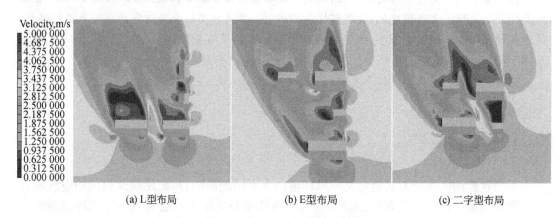

(a) L型布局　　　　　　　(b) E型布局　　　　　　　(c) 二字型布局

图 2　夏季典型风速下三种站区的风速云图

4　结论

在夏季典型风速下,E 型布局人行高度处的流场平稳,无复杂涡流产生,无风区面积较小,风环境良好。本文对宁沪高速沿线三种收费站典型布局进行了三种典型工况下的风环境模拟研究,模拟结果充分显示了不同布局形式对收费站内人行高度处风环境的影响,对以后高速公路收费站区规划设计具有一定的指导意义。

参考文献

[1] Tominaga Y, Mochida A, Shirasawa T, et al. Cross comparisons of CFD results of wind environment at pedestrian level around a high-rise building and within a building complex (environmental engineering)[J]. Journal of Asian Architecture & Building Engineering, 2004, 3(1):63-70.

[2] 王福军.计算流体力学分析——CFD 软件原理与应用[M].北京:清华大学出版社,2004.

柱形屋盖风场模拟研究

齐一鸣[1]，王法武[1]

(1. 南京航空航天大学土木工程系，江苏南京 210018)

摘　要：风荷载作为大跨柱形屋盖结构设计研究的主要荷载之一，如何预测屋盖表面风压分布已成为工程界关注的热点问题。本文对某发电厂的大跨度柱形屋盖进行风场模拟研究，基于 ICEM-CFD 和 Fluent，选用 RNG κ-ϵ 湍流模型对柱形屋盖结构在不同风向角、不同矢跨比下的速度分布、平均风压系数分布、风场流线图进行研究，通过 Tecplot360 对计算结果进行后处理，得到直观结果图表。

关键词：数值模拟；双层网壳结构；矢跨比；风压系数；风场流线图

1　引言

近年来，大跨度钢结构柱形屋盖发展迅速，广泛应用于体育馆、展厅、机库、干煤棚等大型建筑。这类结构跨度大、自重轻、柔性大，对风荷载十分敏感。风荷载对建筑结构的作用属于复杂钝体绕流问题，风洞试验的周期较长，耗资巨大；随着湍流模型的不断发展和完善，计算机硬、软件的飞速进步和计算技术的迅速提高，计算机数值模拟方法逐渐成为结构风工程研究的有力手段[1]。

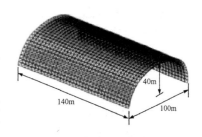

图 1　圆柱形屋盖模型

2　数值风场模拟

本文基于某发电厂的大跨柱形屋盖进行风场数值模拟[2]。将双层柱面网壳结构简化为柱形壳体，纵向长度 140 m，跨度 103 m，屋顶高度为 40 m，矢跨比为 0.39，壳体厚度 0.5 m。计算流域确定为 $L \times B \times H = 2\,240\text{ m} \times 943\text{ m} \times 600\text{ m}$，将建筑物置于前沿约 1/3 处[3]。局部计算域采用具有良好适应性的四面体非结构网格离散单元，外部计算域采用规则六面体结构网格单元，共计划分 2 178 758 个单元(见图1)。

本文计算选用基于雷诺时均的 RNG κ-ϵ 湍流模型[4-6]，对流项的离散格式选择精度较高的二阶迎风格式，速度-压力耦合选取 SIMPLEC 算法，欠松弛系数采用缺省值，定常流动，流体介质为不可压缩常密度空气，湍流模型中的各项参数残差值为 1×10^{-5}。

3 计算结果及分析

3.1 速度矢量图及风场流线分布

图 2 给出了圆柱壳结构在 60°风向角下周围流场的绕流特性及表面风速矢量分布情况。

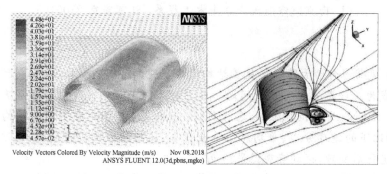

Velocity Vectors Colored By Velocity Magnitude (m/s)　　Nov 08.2018
ANSYS FLUENT 12.0(3d,pbns,mgke)

图 2　60°风向角下速度云图(m/s)

3.2 风压系数

以在 60°风向角下为例,进行了不同矢跨比与极值风压系数变化规律的研究。原干煤棚网壳结构矢高 $H=40$ m,跨度 $B=103$ m,现取 $H=35$ m, $H=45$ m,跨度保持不变,得到三种不同矢跨比的模型。经过计算得出以下结果,如表1、表2所示。

表 1　屋盖外表面负压系数极值表

矢高/m	35	40	45
屋盖顶部	−0.52	−0.68	−0.78
屋檐边缘	−0.70	−0.80	−0.90

表 2　屋盖顶部速度极值表

矢高/m	35	40	45
最大速度/(m·s^{-1})	36.05	38.10	40.37

4 结论

(1) 基于 Fluent 软件的数值方法可以很好地模拟出大跨度柱形屋盖的周围风场,沿着结构高度方向,速度呈增大趋势。结合网壳结构风压系数等值线图可知,速度与压力呈现速度大的区域压力小、速度小的区域压力大的规律。

(2) 根据各风向角下风压系数等值线图可知,风向角对结构表面的风压系数影响较大,不同风向角下同一区域的风压系数差别较大。

（3）由表1可知,随着矢跨比增大,屋盖外表面高负压区域的极值负压系数逐渐增大；由表2可知,随着矢跨比增大,屋盖顶部曲线曲率随之增大,顶部最大速度逐渐增大。

参考文献

［1］日本建筑学会.建筑风荷载流体计算指南［M］.北京：中国建筑工业出版社,2010.

［2］陈波帆.基于最优准则法的双层柱面网壳结构抗风优化研究［D］.广州：广州大学,2017.

［3］丁义平.空间网壳结构风荷载体型系数的数值研究［D］.上海：上海交通大学,2009.

［4］吴雄华,施宗城.风对建筑物体绕流的数值模拟［J］.同济大学学报（自然科学版）,1996(4)：456-460.

［5］中华人民共和国住房和城乡建设部.GB 50009—2012 建筑结构荷载规范［S］.北京：中国建筑工业出版社,2012.

［6］余浩琦.屋盖气动抗风体型优化［D］.北京：北京交通大学,2016.

球形充气膜屋盖的风压数值模拟

李　延[1]，陈建稳[1]，吴善祥[1]，关晓宇[1]，邹金霖[1]，周俊羽[1]

(1. 南京理工大学理学院，江苏南京 210094)

摘　要： 充气膜结构是一类新式空间结构，近年随着空气质量日益恶化及人们健康观念的提升，可隔绝雾霾等污染、智能净化空气的充气膜结构逐渐受到人们的青睐；充气膜结构本身具有自重轻、跨度大、刚度小的特点，对风荷载的作用却非常敏感。本文基于 Fluent 对截球型充气膜屋盖结构进行了平均风压的数值模拟，得到了结构表面的风压分布系数，并与风洞试验结果进行了比较。结果表明，刚性模型的数值模拟得到的平均风压系数的分布规律与风洞试验结果基本一致，进而对研究对象流体域的初始流场进行了模拟分析，所得分析结果可为类似结构的设计分析提供参考。

关键词： 风工程；充气膜结构；体型系数；风压；结构响应

1　引言

　　充气膜结构是一类新式空间结构，因其在节能、绿色、适用性及施工速度等方面的突出优势，逐渐发展成为体育馆、展览馆等大型公共建筑及雷达防护设施及各种防护掩盖建筑的重要形式[1-2]。尤其，近年随着空气质量日益恶化及人们健康观念的提升，可隔绝雾霾等污染、智能净化空气的充气膜结构逐渐受到人们的青睐；充气膜结构本身具有自重轻、跨度大、刚度小的特点，对地震力有很好的适应性，但是对风荷载的作用却非常敏感。本文运用 CFD 数值模拟方法，对半球形壳体体型空间结构周围风场进行模拟，确定了结构体表的风压分布，进而得到结构体表风载体型系数，并与相应风洞试验结果进行对比分析。

2　数值模拟理论

2.1　基本风压和风压系数

　　风速提供的单位面积上的风压可由伯努利方程确定为：

$$w = \frac{1}{2}\rho v^2 = \frac{1}{2} \times \frac{\gamma}{g}v^2 \tag{1}$$

　　风压系数或体型系数：

$$C_{pi} = \frac{w_i}{0.5\rho\bar{v}^2} \tag{2}$$

2.2 控制方程

质量守恒方程[3]：

$$\frac{\partial\rho}{\partial t} + \mathrm{div}(\rho U) = 0 \tag{3}$$

动量方程：

$$\frac{\partial u}{\partial t} + \mathrm{div}(uU) = \mathrm{div}(v\,\mathrm{grad}u) - \frac{1}{\rho}\frac{\partial p}{\partial x} \tag{4a}$$

$$\frac{\partial v}{\partial t} + \mathrm{div}(vU) = \mathrm{div}(v\,\mathrm{grad}v) - \frac{1}{\rho}\frac{\partial p}{\partial y} \tag{4b}$$

$$\frac{\partial w}{\partial t} + \mathrm{div}(wU) = \mathrm{div}(v\,\mathrm{grad}w) - \frac{1}{\rho}\frac{\partial p}{\partial z} \tag{4c}$$

能量守恒方程：

$$\frac{\partial(\rho T)}{\partial t} + \mathrm{div}(\rho UT) = \frac{\partial}{\partial x}\left(\frac{k}{c_p}\frac{\partial T}{\partial x}\right) + \frac{\partial}{\partial y}\left(\frac{k}{c_p}\frac{\partial T}{\partial y}\right) + \frac{\partial}{\partial z}\left(\frac{k}{c_p}\frac{\partial T}{\partial z}\right) + S_T \tag{5}$$

3 充气球膜结构算例分析

3.1 模型基本参数

模型采用 B 类地貌,50 年重现期,实物如图 1 所示。模拟时采用的风场尺寸为 $x \times y \times z = 90\text{ m} \times 60\text{ m} \times 30\text{ m}$ 的计算域,圆球半径 2.9 m,矢高 3.95 m,模型中心距计算域入口 30 m 处[4]。结构表面网格划分分别如图 2 所示。

图 1 充气球膜结构

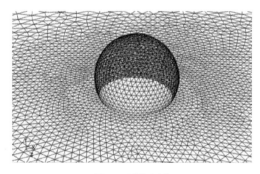

图 2 网格划分

3.2　流场体型系数

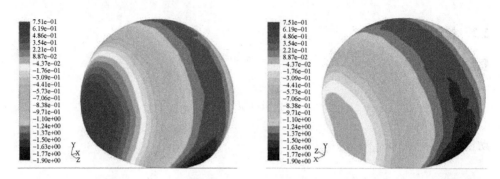

图3　迎、背风面体型系数

由图3可得球面迎风面最大体型系数0.751，背风面最大体型系数0.088，顶部出现负压－1.5，风吸最大处出现在两侧底部，高达－1.9。

4　结论

本文对圆形充气膜结构进行了基本的风压数值模拟，所得结果可为类似结构的设计分析提供参考。

参考文献

[1] 李元齐,田村幸雄,沈祖炎.球面壳体表面风压分布特性风洞实验研究[J].建筑结构学报,2005,26(5)：104-111.

[2] Glück M, Breuer M, Durst F, et al. Computation of wind-induced vibrations of flexible shells and membranous structures[J]. J.of Fluids and Structures. 2003, 17:739-765.

[3] Hansbo P, Hermansson J, Svedberg T. Nitehe's method combined with space-time elements for ALE fluid-structure interaction problems[J].Computer Methods in Applied Mechanics and Engineering, 2004, 193: 4195-4206.

[4] 刘振华.膜结构流体-结构耦合作用风致动力响应数值模拟研究[D].上海：同济大学,2006.

龙卷风对低风速风力机气动载荷的影响

刘冰冰[1]，许波峰[1]，冯俊恒[1]

（1. 河海大学能源与电气学院，江苏南京 210016）

摘　要：龙卷风是在极不稳定天气下由空气强烈对流运动产生的一种伴随高速旋转的漏斗状云柱的空气涡旋[1]。在接触地面时，直径从几米到几百米，平均为 250 m 左右，最大为 1 000 m 左右；在空中直径可有几千米，最大有 10 km。其中心附近风速可达 100～200 m/s，最大达 300 m/s[2]。龙卷风持续时间一般仅几分钟，但其来势凶猛，破坏力极大，除极大的阵风和气压变化外还常伴随着雷暴、冰雹和强降水。因此它是建筑设计、工业设计、农业、生命财产保险、防灾等诸项事业中应予重视的灾害性天气现象[3]。

关键词：强烈对流运动；高速旋转；空气涡旋

1　引言

龙卷风发生有三个必要条件：湿润的空气必须非常不稳定，在不稳定空气中形成塔状积雨云，高空风必须与低空风方向相反从而发生风切变将上升的空气移走[4]。因此，长江口三角洲、苏北、鲁西南、豫东等平原、湖沼区以及雷州半岛等地都是龙卷风的易发区[5]。其中，以江苏省为典型。江苏水网众多、地势平坦，春末至夏季的高温闷热天气给龙卷风的形成和发展提供了有利条件。且江苏省国民经济发达，人口密度大，城市化水平高，工业、民用建筑密度高，电力、电信等基础设施规模大，龙卷风发生时更易造成重大的灾害和损失。

近年来，低风速风电成为风电开发的主要方向之一，低风速风场主要位于江苏、安徽、浙江等地的内陆平原区，低风速风电机组设计的一个重要措施是叶片加长和轮毂高度增高。这些低风速区也正是龙卷风频发地区，因此，因此，在低风速风场地区，研究龙卷风对风力机机组载荷的影响至关重要。

2　江苏盐城地区龙卷风数据调查

研究表明，1956 年至 2005 年 50 年间，江苏省共有 1 070 次龙卷风记录，平均每年发生 21.4 次龙卷风。其中，近些年龙卷风发生频数增加比较明显的是盐城：盐城 50、60 年代发生龙卷风平均为 15.5 次/10 年，而到了 80、90 年代就增加到了 45.5 次/10 年，近些年仍有所增加。Fujita 提出依据建筑物等地面物体的破坏强度将龙卷风依次划分为 F0、F1、F2、

F3、F4、F5 共六个级别,称为富士达分级或 F 分级[6-7]。F0 较弱,且 F0 到 F5 风力逐渐增强。在江苏省的 1 070 次龙卷风中,F0 占总次数的 70.3%,F2 以上发生次数只占总次数的 5.3%。盐城地区在各级别龙卷风的分布上都属于较高值区。其中,最为出名的是 2016 年 "6·23"龙卷风,盐城市阜宁、射阳遭遇 F4 级、风力超过 17 级的龙卷风冰雹灾害,等级和威力及毁灭性之大,在全球都属罕见[8]。然而我国建筑规范和标准中尚未包含龙卷风的技术要求,一旦诸如风电场之类的重要建筑遭遇龙卷风,则会造成严重的人身和财产损失。

3 龙卷风涡旋模拟

龙卷风行踪不定,无法准确判断其运动路径,且由于强烈的涡旋和涡旋漂移效应,很难准确地测量龙卷风涡旋的动态时空特征以及实验研究中风载荷的瞬态特征。龙卷风涡旋模拟场通常采用 ISU 型和 Ward 型,以用于模拟不同类型结构上龙卷风引起的载荷。ISU 型模拟器将导向叶片放置在允许垂直流动循环并产生旋转的高位,模拟的气流是通过旋转下降气流产生的,这是龙卷风的一个典型特征,所以由 ISU 型模拟器产生的旋涡更接近真实的龙卷风,但是 ISU 型模拟难度和计算量比 Ward 型大很多,所以一般都是采用 Ward 型模拟器。

图 1(a)给出了切向速度的空间轮廓,它展示了龙卷风的典型水平速度剖面,最大切向速度在涡旋涡核心半径处,核心内外随着距涡核心半径处的距离增加而减小;图 1(b)中展示出了在涡流比 $S=0.74$[9] 时的龙卷风状涡旋中心的切向速度水平向分布。

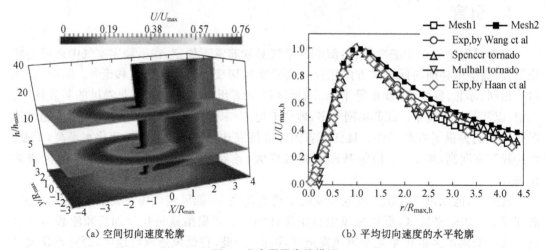

(a)空间切向速度轮廓   (b)平均切向速度的水平轮廓

图 1 龙卷风风廓线模拟

4 下一步研究内容

(1)停机状态下,龙卷风对不同方位角位置的叶片气动载荷影响,寻找龙卷风作用下最佳停机方位角。

(2)机组处在不同旋涡径向位置时的气动载荷计算,可以判断龙卷风旋涡内部对风电机组破坏力最大的位置。

（3）不同叶片长度、不同塔架高度，龙卷风对风电机组的影响，寻找抗龙卷风的最优叶片长度和塔架高度的组合。

参考文献

［1］陈家宜,杨慧燕,朱玉秋,等.龙卷风风灾调查与评估[J].自然灾害学报,1999(4):111-117.

［2］骆丽,吴云清.从盐城阜宁龙卷风事件看龙卷风的防治[J].池州学院学报,2017,31(6):81-85.

［3］黄大鹏,赵珊珊,高歌,等.近30年中国龙卷风灾害特征研究[J].暴雨灾害,2016(2):97-101.

［4］迈克尔·阿拉贝.龙卷风[M].上海:上海科学技术文献出版社,2006.

［5］郑峰,谢海华.我国近30年龙卷风研究进展[J].气象科技,2010,38(3):295-299.

［6］Fujita T T. Proposed characterization of tornadoes and hurricanes by area and intensity[R]. SMRP Res. Paper. No.91, University of Chicago,1971.

［7］James R, McDonald T. Theodore Fujita: his contribution to tornado knowledge documentation and the Fujita scale[J]. Bulletion of the American Meteorological Society, 2001, 82(1): 63-72.

［8］《盐城市"6·23"龙卷风冰雹特别重大灾害灾后重建总体规划及部分安置点详细规划》项目介绍[J].江苏城市规划,2018(8):23-27.

［9］Cao S Y, Wang M G, Cao J X. Numerical study of wind pressure on low-rise buildings induced by tornado-like flows[J]. Journal of Wind Engineering & Industrial Aerodynamics, 2018, 183:214-222.